乾元再续

大高玄殿乾元阁修缮实录

赵星　李博◎著

中国商业出版社

图书在版编目（CIP）数据

乾元再续：大高玄殿乾元阁修缮实录 / 赵星，李博
著 . -- 北京：中国商业出版社，2024.5
ISBN 978-7-5208-2917-5

Ⅰ . ①乾… Ⅱ . ①赵… ②李… Ⅲ . ①故宫－古建筑
－修缮加固－研究报告 Ⅳ . ① TU746.3

中国国家版本馆 CIP 数据核字 (2024) 第 100398 号

责任编辑：葛　伟

中国商业出版社出版发行

（www.zgsycb.com　100053　北京广安门内报国寺 1 号）

总编室：010-63180647　编辑室：010-83128926

发行部：010-83120835/8286

新华书店经销

北京市金木堂数码科技有限公司印刷

*

889 毫米 ×1194 毫米　16 开　19 印张　500 千字

2024 年 5 月第 1 版　2024 年 5 月第 1 次印刷

定价：98.00 元

****

目录

第一章 大高玄殿建筑群历史沿革

第一节 大高玄殿建筑群文献考证

▶ 一、明代

大高玄殿于 1542 年（嘉靖二十一年）建成。

《明世宗实录》卷 260："嘉靖二十一年四月辛亥朔（初一）……庚申（初十），初，上于西苑建大高玄殿奉事上玄，至是工完，将举安神大典。喻礼部曰：朕恭建大高玄殿，本朕祗天礼神为民求福一念之诚也。今当厥工初成，仰戴洪造，下鉴连沐玄恩。矧直民艰财乏灾变虏侵之日，匪资洪眷，同尽消弥，所宜敬以承之，岂可轻乎？尔百司有位，务正心修，赞治保民。自今十日始，停刑止屠，百官吉服办事，大臣各斋戒，至二十日止。仍命官行香于宫观庙具敬之哉，因遣英国公张溶等分诣朝天等宫及各祠庙行礼。"

当年农历十月初一举崇报岁成大典于大高玄殿。《明世宗实录》卷 267："嘉靖二十一年十月丁丑朔（初一）……己卯（初四），举崇报岁成大典于大高玄殿，命停刑禁屠，遣成国公朱希忠行礼，分遣文武大臣、英国公张溶等祭告朝天等宫及各祠庙。"

第二年奉安列圣神位于大高玄配殿。《明世宗实录》卷 272："嘉靖二十二年三月乙巳朔（初一）……癸酉（二十九），奉安列圣神位于大高玄配殿。"

除正殿、大高玄配殿，还有无上阁，阁东有始阳斋，阁西为象一宫。《桂洲集》记："始阳斋在无上阁左，象一宫在无上阁右。"又记："夏言始阳斋赞：大哉乾元，万物资始。浩浩其天，纯亦不已。无极太极，动而生阳。乘龙御天，变化无方。於皇圣人，与天合一。有斋道存，神明之室。又象一宫赞：惟天高明，得一以清。惟地安贞，得一以宁。惟皇作极，法象天地。守一抱元，长生久视。大阳正中，帝德犹龙。一气回旋，造化之功。"

1547 年（嘉靖二十六年）失火重修，《明世宗实录》却无记载。需再查证。

1600 年（万历二十八年）修缮油饰见新工程。

《明神宗实录》卷 347："万历二十八年五月癸卯朔……庚申（十八）……工科给事中张问达为帑藏已极空虚，营缮宜酌缓急，应先二宫三殿之门内工告成后，徐议外工。且黄极凶星正坐乾房，大高玄殿奠位西北，正触禁忌，不可营造。不报。……丁卯（二十五）……工部题：奉旨见新大高玄殿，该监估计物料应用银二十万两，夫匠工费半之。方今库藏若洗，浙江袍缎工料五十余万，陕西羊绒又五万余，铺商上过钱粮、夫匠做过工食二十余万，皆无从措办。应给未给，何暇及此不急之费。乞停止一切，并力以营三门三殿。又龙舟、桥梁、亭轩等项，俱应暂止，以俟徐图。奉旨：大高玄殿见新，以称朕供养神明之意，不必执奏。工科都给事中王德完亦言：各处工役犹缓，而三门三殿为急。三门之材取之湾厂，三殿之材尚在楚蜀。若以湾厂之木而修玄殿，则三门无木矣。以库积之银而修龙舟，则三门无银矣。何况殿上巨费，万不可已。乞停玄殿之役，以塞冒破之窦。不报。"

总结

大高玄殿建于 1542 年（嘉靖二十一年），是北京西苑内用于祈祷斋醮的一座皇家道观，每逢节庆殿内都举行盛大的仪式祭奠。1547 年（嘉靖二十六年），大高玄殿遭遇火灾，但对其宫殿建筑影响不大。此后万历年间大高玄殿曾经历三次修缮。关于明代大高玄殿的记载并不丰富，仍有待进一步的历史研究。

▶ 二、清代

1. 长编 69267

内务府大臣查弼纳等奏为修理大高殿①估需工料银两事折

雍正七年八月十八日庚申十八日奏。总管内务府谨奏：为遵旨修理事。雍正七年闰七月十一日，臣衙门具奏：大高殿旗杆挂幡年久，变色糟坏，清交该处，照旧样成造等语。奉旨：好。幡著修理，又建大高殿年久，著尔等详加查勘，凡有应粘修油饰之处，皆善加修理。钦此。钦遵。臣详加查勘得：于大高殿南栅栏两侧，增砌看墙，两侧接墙拿梁砌筑，覆琉璃瓦，牌楼加支撑，大高殿、雷坛殿、无上阁、庑殿及其他房屋等处，粘补修理，脱落之石灰找补夹灰，照旧样粘补油画，补墁院砖，两侧大墙以红砖补墁刷浆。工程需用银八千六百五十二两七千四分六厘。店内供奉玉皇等众神，俱谨上色油画见新，看、工桌亦油画见新，需用银三千二百八两一钱五分七厘；至于修理所用琉璃瓦，除向工部取用外，共计用银一万一千八百六十两九钱三厘，欲向广储司取用，修理悬挂欢门及幡时，交广储司等兴工，俟修理完毕，令道士等办吉祥道场九日。为此谨奏。……（《奏销档》177—214）

2. 长编 60197

员外郎额尔金等咨文广储司给发补修大高殿等处高丽纸事

雍正八年（1730）四月初四日壬寅

初四日。三月二十六日，大高殿工程地方员外郎额尔金等来文称，给补修大高殿、糊八拜殿②、隔扇用二等高丽纸三百张等语。三等高丽纸三百张，库使富勒和送来绫子书后取走。（内务府广储司全宗号 5，案卷号 235）（译自满文）

---

① 清代时，因避讳"玄"字改称"大高殿"。
② 八拜殿，满文音译殿名。

3. 奏销档 917—164

奏为玉皇诞辰在大高殿办道场七永日事折

雍正九年（1731）三月十一日

（雍正九年三月）十一日和硕庄亲王臣允禄等谨奏：为请旨事。查今年正月初九日玉皇天诞之辰，恭就大高殿曾办道场七永日，三月十八日后土皇地祇圣诞，请于本月十五日起至二十日在大高殿办道场七永日，可也。为此谨奏。等因缮折交与奏事郎中张文彬转奏。奉旨：好。钦此。

4. 奏销档 209—006

奏请领取大高殿修缮工程所用银两折

乾隆八年（1743）五月初四日

（海望、三和谨奏）……大高殿前添建四柱九楼牌楼一座，拆去栅栏门一座，看墙二堵。自大山门至无上阁中一路甬路、散水换墁新砖，两边甬路散水即将本工旧砖改砍铺墁。其余海墁俱拆去，铺垫黄土。并将无上阁前东西配房四，连雷坛殿、前大殿两山值房俱行拆去。除所需琉璃瓦料并楠木、颜料，照例行取应用外，其办买物料并给发工价、运价等项，共约估需银五千五百七十四两。谨将约估银两细数另缮清单恭请御览。俟命下之日将前项银两仍请向广储司支领应用，统俟工竣之日再将实用钱粮数目详细查销，另行奏闻。为此谨奏：

木料银四百五十两，石料银六百八十两，砖块银八百两，灰斤、红土、绳麻、钉铁杂料银八百五十两，柏木地丁银一百九十两，匠夫工价银一千三百八十两，刨运黄土、平整地面银三百八十两，油饰彩画银四百六十两，现夫现匠并各作运夫出运渣土清理地面银三百八十两，共约用银五千五百七十四两。

乾隆八年五月四日交太监胡士杰转奏。

奉旨：知道了。钦此。

5. 奏案 05—0061—051

呈为大高殿办道场用供品碗数

乾隆九年（1744）四月十七日

大高殿办道场：

正案供二十七碗内，供饼九碗、蜜食九碗、鲜果五碗、干果四碗。两旁案供各五碗，供饼一碗、鲜果二碗、干果二碗。三清三案每案供五碗，供饼五碗、鲜果五碗、干果五碗。偏殿供五碗，供饼三碗、干果二碗。斗姆供五碗，供饼二碗、鲜果一碗、干果二碗。高玄门供五碗，供饼三碗、干果二碗。门坛供五碗，供饼二碗、干果三碗。监斋供五碗，供饼三碗、干果二碗。

共七十七碗。

6. 奏案 05—0082—032

呈为景山、大高殿等处修缮估料银两事

乾隆十一年（1746）十二月二十二日

……大高殿东边街道整齐修理，共应拆去房屋一百二十八间，内有太监居住官房三十四间，今查街东现有官房一所，请交官房库如数拨给。其现拆旧料即于本工选用，其余旗民房屋九十四间，照例给价拆移。应该诸旗铺面房十六间，以及添砌墙垣一百余丈，除将拆下旧料拣选抵用外，应行添办木石砖瓦、绳麻钉铁杂料，及匠夫工价、房价，共银二千五百九十六两三钱一分三厘，连前通共约估银三千三百七十二两八钱二分八厘。此项银两请向广储司支领，于今冬备料，明春兴修，仍于工竣再将实用银两另行奏销。……

7. 奏案 05—0094—010

呈为大高殿佛像及供器等项数目清单

乾隆十三年（1748）七月十四日

大高殿所有：金胎高一尺二寸至七寸不等佛像八尊内，娘娘五尊、皇天上帝一尊、太乙救苦天尊一尊、东岳大帝一尊（随银犼一个）。银胎高一尺一寸五分至二寸六分内，三官大帝六尊、元天上帝一尊、皇天上帝一尊、天师一尊、从神六十六尊（随银宝盆一件、珊瑚一枝）。镀金银胎高一尺五分至六寸二分不等佛像二十一尊内，皇天上帝一尊、东岳大帝二尊、关帝一尊、寿皇一尊、从神十六尊。

8. 奏案 05—0094—011

呈为大高殿佛像及供器等项数目清单

乾隆十三年（1748）七月十五日

大高殿前后大殿、东西配殿所有增胎、香胎、铜胎、托沙胎等项佛像、从神三百二十三尊外，大高殿北面随墙佛龛五座内：

东一龛供奉金胎娘娘五尊，银胎从神十尊，铜胎斗姆一尊、娘娘一尊、三官大帝三尊、东岳大帝二尊、从神二尊、元天上帝一尊、从神八尊。共佛像、从神三十三尊。

东二龛供奉金胎皇天上帝一尊、太乙天尊一尊、三官大帝六尊、从神三十六尊，镀金银胎皇天上帝一尊、从神八尊，铜胎元天上帝一尊，玉胎皇天上帝一尊、童子一尊，香胎元天上帝二尊、从神十六尊。共佛像、从神七十四尊，外银犼一个。

西二龛供奉银胎皇天上帝一尊、元天上帝一尊、天师一尊、从神十六尊，铜胎灵官二尊、元天上帝二尊、皇天上帝二尊、梓童帝君一尊、关帝一尊、从神十二尊，香胎皇天上帝一尊，从神八尊。共佛像、从神四十八尊。

西一龛供奉金胎东岳大帝一尊，银胎从神四尊，镀金银胎东岳大帝二尊、寿星一尊、关帝一尊、从神十尊，香胎东岳大帝二尊、关帝一尊、灵官一尊、从神十尊。共佛像、从神四十四尊。

前东配殿供奉玉胎真武一尊。

后东配殿供奉玉胎真武一尊、从神二尊，共佛像、从神三尊。

……

9. 奏销档 227—334—1

奏请先行领取银修缮大高殿折

乾隆十七年（1752）正月初十日

（海望、德保、四格谨奏）……乾隆十七年正月初九日，奉旨大高殿殿宇房间换瓦头停、油画见新，更换大殿九架梁，将三座门改建，一座歇山门三间。钦此钦尊。今奴才等详细查看得：大高殿除正面牌楼一座尚属整齐，惟油画见色过色外，其余殿宇房间随垣门座具经年久，瓦片糟旧，大木、石料、砖块多有歪斜闪裂酥碱之处，所有应行拆瓦瓦片，换添大木椽望，归拢阶条栏板、柱子并拆砌周围大墙，以及各座油饰彩画等项工程所需工料银两数目，现在查量估计，若待确数得时，尚需时日。乘此道路坚硬，将应需各项物料宜及时备办，相应奏请。向广储司暂领银一万两，以便及时备料兴修。奴才等详细估计确数得时，另行具奏。……

10. 奏销档 227—103—1

奏报修理大高殿大殿等工估需银两数目折

乾隆十七年（1752）三月十五日

……大高殿重檐大殿一座，计七间；后大殿一座，计五间；无上阁一座；前后配殿四座，计二十八间；钟鼓楼二座，四出轩亭二座，四柱九楼牌楼三座，砖城门三座，焚帛炉一座，旧有山门三座；改建歇山门一座，计三间；挪安旗杆二座，粘修琉璃门一座，挪盖修琉璃门二座，值房十四间；拆砌大墙一百八十四丈，粘修大墙四十二丈、井台二座，随墙门口六座，板墙四槽；拆墁月台、地伏、栏板、地面、甬路、散水，修理暗沟，以及油饰彩画裱糊等项工程。除银砟、苇布、琉璃瓦料、线绢、纸张、铜锡等项，照例向各该处行取应用。并拆前值房二座，计六间；后耳殿二座，计十间；所得旧料拣选抵用外，所有办买木石、砖灰、绳麻、钉铁、杂料，给发各作匠夫工价、运价，通共约估银四万八千三百四十七两二钱七分五厘，仍请向广储司支领。令该监督等详加筹划樽节办理，统俟工竣之日，详加查销，据实奏闻。至粘修佛像供器等项，俟估计确数得时另行具奏。谨将现在约估银两分列细数，另缮清折一并恭呈御览。……

11. 长编 28550

大高殿御笔匾做得挂讫

清乾隆十八年（1753）五月初一日

二十八日，太监刘成来说，首领桂元交御笔白纸原字"无为"本文一张，御笔白纸"烟霭霞明"对一副，传旨：交德保做黑漆金字一块玉匾一面、对一副。钦此。于十八年五月初一日副司库六格将做得黑漆金字匾一面、对一副持赴大高殿挂讫。

12. 奏销档 229—135

奏销修缮大高殿重檐前殿等工用过银两数目折

乾隆十九年（1754）四月十二日

（海望、三和、德保、四格谨奏）……奴才等遵旨敬修大高殿重檐前殿一座，计七间；后殿一座，计五间；乾元阁一座，四面各显三间；前配殿二座，各计五间；后配殿二座，各计九间；钟鼓楼二座，四面各显三间；重檐四出轩音乐亭二座，四面各显三间；改建歇山门一座，计三间；挪盖值房二座，各计七间；粘修四柱九楼牌楼三座、砖城门三座、中琉璃门一座；挪盖次琉璃门二座，挪安旗杆二座，拆砌院墙三十五丈七尺；粘修院墙三丈四尺六寸，粘修外围大墙二百二丈七尺六寸，随墙门口五座，屏门板墙一槽，牌楼栅栏九堂；拆砌月台二座，井台三座，以及铺墁甬路，海墁散水，油饰彩画见新，并装颜佛像、添做供案、供器等项工程，俱经完竣。除银硃、苎布、琉璃瓦料、杉木、柏木、铜锡、绫绢、纸张等项，照例向各该处行取应用外，所有用过木石、砖灰、绳麻、钉铁、杂料，给发各作匠夫工价、运价，通共实查销算银六万三千三百五十四两三钱七分五厘，内除用过旧料值银二千八百一两八钱一厘外，净实用银六万五百五十二两五钱七分四厘。……

13. 奏案05—0244—095

奏报大高殿等处被风刮坏清单

乾隆三十二年（1767）七月

大高殿东面牌楼下栅栏一面被风刮倒，木质损坏，西面牌楼下栅栏一面被风刮歪。

大殿后雷坛前枣树一株被风刮倒。雷坛等处岔脊、仙人、海马、瓦片等物，东西大墙红灰俱各被风刮落损坏。

大殿、雷坛、乾元阁、配殿等处窗棂所糊纸张，被风吹雨湿破坏。

大高殿外围西边斋堂房三间，系启建道场专办斋供之所，今斋堂房后檐坍塌外皮一段、院墙一段。

14. 奏案05—0244—096

呈报大高殿、钟鼓楼被风刮坏清单

乾隆三十二年（1767）七月

大高殿损坏五样黄色琉璃合角剑靶六件，二层殿损坏五样黄色琉璃走兽五件、筒瓦五件，前东配殿损坏六样绿色琉璃筒瓦十件，后西配殿损坏六样绿色琉璃剑靶一件，西琉璃门七样绿色琉璃仙人一件、背兽一件，看墙损坏七样绿色琉璃剑靶二件，东音乐亭八样黄色琉璃正剑靶一件、合角剑靶十件、仙人二件、遮朽瓦十四件，西音乐亭损坏八样黄色琉璃合角剑靶四件、正剑靶一件、背兽四件、勾头三件、遮朽瓦十二件，正面牌楼损坏九样黄色琉璃仙人六件、三色砖一件、勾头五件、滴水五件、遮朽瓦八件，东牌楼损坏九样黄色琉璃仙人一件、剑靶一件、勾头一件、遮朽瓦七件、明间栅栏一槽，西牌楼损坏九样黄色琉璃仙人二件、才眼螳螂勾头二件、三色砖二件、勾头三件、滴水三件、扣脊瓦二件、遮朽瓦九件，墙顶损坏七样黄色琉璃背兽一件、各处钉帽一百二十个，西大墙红皮二块。……

15. 奏销档292—130—1

奏为大高殿等处修缮工程估需工料银两事折

乾隆三十三年（1768）七月二十八日

（三和、英廉、四格谨奏）……乾隆三十三年五月初六日，奉旨：大高殿南面墙高，东西北三面墙甚矮，观瞻未协，应照南面墙身长高，始属妥协。钦此钦尊。奴才等亲往查看得：大高殿南面墙高二丈二尺六寸，东西北三面墙高一丈三尺五寸，底厚四尺二寸，顶厚三尺，凑长一百六十丈六尺一寸。内东西大墙里皮臌裂、酥碱一段长二丈。西面大墙臌裂、酥碱二段各长六丈。今奴才等拟将大墙臌裂、酥碱处拆补找砌，并将东西北三面琉璃墙头拔檐砖拆下，即在旧墙上长砌墙高九尺一寸，凑长一百六十丈六尺一寸，仍照旧安砌拔檐砖、砌琉璃墙顶，其新砌墙身二面满抹红灰，并将旧墙找补抹饰，一律提刷红浆，使与南墙一式，以肃观瞻。奴才等详细估计，内除需用城砖十一万八千五百七十八块在正阳门东所拆旧墙砖块内运用外，其余办买灰斤、绳麻、江米、白矾、红土，并各作匠夫工役以及拉运旧砖运价，共估需银三千八百一两七钱七分一厘。请向广储司领用。

16. 奏销档 359—028

奏为拆砌大高殿西面大墙约估工料银两事折

乾隆四十五年（1780）三月二十四日

（总管内务府谨奏）……据营造司案呈大高殿值月官员等报称：大高殿西面大墙中间里皮膙裂闪错，间有坍塌，南北长十数丈，请交该处拆砌。等因臣等率领营造司官员等前往大高殿查看得：西面大墙闪错膙裂，实有坍塌，应行拆砌。缘院内东西两面有水沟二道，紧贴墙根。臣等率员将沟盖全行揭看，沟内淤塞不通，历年雨水浸泡，沟帮膙裂，地基酥松，硼盖石间有破坏之处，是以墙垣亦因之闪错膙裂。随交营造司将应行拆砌墙垣并应修沟渠以并详细踏勘。

去后，今据该司官员等呈称勘估得：大高殿西面大墙南北通长六十九丈，墙身通高二丈二尺五寸，顶高四尺。中间膙裂闪错一段长十三丈，照旧式拆砌。下肩用新细样城砖干摆，上身用旧样城砖灰砌披檐五层。添补心砖三成，头停苫灰背一层，瓦七样黄色琉璃脊瓦料，其余墙垣下肩砖块酥碱四段，凑长三十五丈二尺五寸，剔补刷磨见新。上身红灰脱落七十四丈，抹饰提浆。除拣选旧料尽数应用，其琉璃脊瓦料向工部行取外，估需银八百八十两八钱七分八厘。有东西水沟二道，各长六十二丈，俱各淤塞不同，刨挖淤土、拆安压面硼盖石块。沟帮闪错膙裂处拆砌，拣选旧料尽数应用外，估需银五百四十四两七钱三分五厘。以上二项物料共估需银一千四百二十五两六钱一分三厘。请向广储司支领兴修。俟工竣后臣等另行派员详查。……

17. 奏销档 365—255—1

奏为报销修理大高殿用过工料银两事折

乾隆四十六年（1781）四月二十日

（总管内务府谨奏）……大高殿西面大墙中间膙裂闪错，间有坍塌，南北长十三丈，应行拆砌。查其情形，缘院内东西两面有水沟二道，紧贴墙根。臣等率员将沟盖全行揭看，沟内淤塞不通，历年雨水浸泡，沟帮膙裂，地基酥松，硼盖石间有破坏之处，是以墙垣亦因之闪错膙裂。随交营造司官员等勘估得……

18. 长编 69657

工部为大高殿等处找补用五样黄色勾头、寿皇殿等处添安六样黄色琉璃等

乾隆四十六年（1781）十二月十八日丙戌

大高殿内大配殿、山门外三面牌楼、音乐亭等处头停上找补添用五样琉璃勾头一件，滴水一件，高六寸剑靶六件，高三寸剑靶二十四件。六样绿色仙人二件，顶帽五十五个，背兽二件。八样黄色仙人十件，龙七件，凤六件，兽角十五对，背兽七件，顶帽一百十五个。（内务府来文2013）

19. 长编 67118

大高殿修理窗棂栏杆等事由

嘉庆元年（1796）二月初七日癸未

……大高殿前面菱花窗棂俱有糟朽脱落之处，音乐亭菱花窗棂多有糟朽脱落之处，乾元阁上周围栏

杆糟朽闪裂，实属有碍观瞻。

大高殿驾幸拈香……再查本殿印册内存贮糙松木高棹一百四十五张，其印册内载堪用者四十五张，不载堪用者一百张，系三十三年注册，今又经三十余年，其载堪用者四十五张，内有破烂二十五张……（《内务府呈稿》嘉营1）

20. 长编67145

大高殿乾元阁上层栏杆并音乐亭窗户等油什（饰）清册

嘉庆元年（1796）十二月二十七日戊戌

大高殿值月官德庆音等呈递：为大高殿前面菱花窗棂俱有糟朽脱落之处，音乐亭菱花窗棂多有糟朽脱落之处，乾元阁上周围栏杆糟朽闪裂，请交营造司修理可也。等因踏勘得所有油什（饰）修理之处，开列于后。（《内务府呈稿》嘉营8）

21. 长编67184

查验大高殿、地坛、斋宫、乾清宫、宁寿宫等项需用琉璃瓦料事由

嘉庆二年（1797）九月十九日乙酉

大高殿等处头停添安五样黄色仙人十一件，海马十一件，高七寸剑靶四件，高六寸剑靶四件，兽角十三对，钉帽一百五十五个。六样黄色勾头十四件。七样黄色仙人七件，海马五件。高三寸剑靶五件，背兽四件，兽角五对，钉帽五十个。八样黄色仙人八件，海马七件，勾头十五件，高三寸剑靶十四件，兽角十对，钉帽四十个。六样绿色仙人三件，海马三件，高六寸剑靶四件，兽角八对，钉帽五十个。七样绿色仙人七件，海马七件，兽角七对，钉帽六十个。

三所后东北大墙顶添安七样绿色三连砖四件，押带条十六件，正当勾十四件，斜当勾二件，筒瓦三十七件，勾头十四件，滴水十四件，板瓦六十三件，钉帽七十二个。（《内务府呈稿》嘉营15）

22. 长编67223

为修理午门楼并大高殿等处殿宇房间需用琉璃瓦料事

嘉庆四年（1799）二月二十一日己酉

大高殿殿宇房间添安五样黄色仙人六件，勾头四十件，滴水二十七件，高七寸剑靶二件，兽角七对。六样黄色勾头三十五件，滴水二十六件。七样黄色仙人六件，勾头十八件，滴水二十件，高五寸剑靶二件，兽角六对。八样黄色仙人十一件，勾头三十八件，滴水二十七件，高三寸剑靶八件，兽角八对。五样绿色仙人四件，勾头二十六件，滴水二十二件，高六寸剑靶三件，兽角四对。六样绿色仙人四件，勾头二十二件，滴水十八件，高六寸剑靶三件，兽角六对。七样绿色仙人七件，勾头三十一件，滴水十六件，兽角七对。各样钉帽三百九十个。（《内务府呈稿》嘉营37）

23. 长编67241

为粘修大高殿殿宇头停并神武门楼等处需用琉璃瓦料事由

嘉庆四年（1799）七月初四日庚申

大高殿殿宇头停添安五样黄色仙人八件，龙四件，凤一件，勾头五十八件，滴水四十九件，高七寸剑靶一件，背兽四件，兽角六对，钉帽一百十个。六样黄色勾头五十六件，滴水四十八件。七样黄色

仙人七件，龙四件，凤三件，勾头二十二件，滴水十八件，高五寸剑靶一件，兽角五对，钉帽六十个。八样黄色仙人十六件，龙八件，勾头六十一件，滴水五十一件，高三寸剑靶六件，兽角七对，钉帽八十个。五样绿色仙人三件，龙二件，凤二件，勾头三十四件，滴水二十七件，高六寸剑靶三件，兽角五对，钉帽六十个。六样绿色仙人五件，龙三件，勾头三十二件，滴水二十八件，高六寸剑靶二件，背兽二件，兽角五对，钉帽七十个。七样绿色仙人八件，勾头四十三件，滴水三十件，兽角七对，钉帽五十个。（《内务府呈稿》嘉营45）

24. 长编67238

为修理大高殿三面牌楼栅栏墙垣等项找领银两事

嘉庆四年（1799）六月十四日辛巳

……查得修理大高殿前三面牌楼三座、栅栏三道、旗杆二座，二层山门东洞粘补连楹一根。东西角门二座，后角门一座，高玄门左右角门二座，东西小院随墙门二座，俱照旧粘补。油画前后配殿，共计二十八间，俱糊饰窗隔。各殿宇房间十座，计四十二间，琉璃门六座，牌楼三座，周围大墙俱拔除荒草，添安琉璃瓦料……（《内务府呈稿》嘉营44）

25. 长编67299

查销修理大高殿殿宇房间墙垣等项交回银两事

嘉庆七年（1802）六月二十日己未

据大高殿值月官呈明内开：大高殿殿宇房间并瓦料油饰等项活计，经本司回明苏大人交着该司急速修整等谕。业经将前项活计俱各修理完竣，理合请员查验，等因回明。奉堂谕：

派出员外郎德泰查验呈覆等谕。奉此移付前来，职遵即调取该司报销细册，带领书笔人等亲赴该处，照依册内做法详加查验。

得大高殿殿宇房间八座，计四十间；牌楼三座。周围大墙顶俱拔除青草，添安瓦料。西院斋堂正房三间，成砌后封护檐墙凑长三丈。前槛墙三堵，倒座房三间，成砌后封护檐墙凑长二丈。临街倒座门房四间坍塌，补盖。坐落正房三间，南房三间，净房一间，俱头停加（夹）陇捉节，添补瓦料，并粘补油饰、内里糊饰等项，共原报销银三十七两一钱四分八厘，大制钱三十一串四百九文。内除匠夫节省一成钱二串七百三十文。今查内有做法稍有不符之处，应核减二两九钱九分九厘，大制钱一串四百五十三文。理合呈明，伏候堂台批准。请交该司遵照办理等。……（《内务府呈稿》嘉营88）

26. 长编67331

为查销修理大高殿各殿座柱木槛框栅栏等项使用银两事

嘉庆九年（1804）十二月二十四日己卯

营造司值年员外郎……为找银两钱文事……

修理大高殿、前后东西配殿、雷坛、坤贞宇各殿宇房间车油什（饰）柱木槛框窗隔，并拆换椽条灯项活计，业经修理完竣，合请员查验。等因回明，奉堂谕，派出郎中经文查验呈复等谕移付前来。职遵即调取该司原呈稿册、带领书算人等亲赴该处，逐一详细查验得：前项活计俱各照依原估做法如式修理完竣。内做法丈尺稍有不符之处，复加酌核，粘签更正。核减物料银五两七钱二分八厘。理合呈明，伏候台堂批准，交该司遵照办理。等因抄出，虽派库掌舒展官敏画、司匠準泰等照依该员呈准修理得：

大高殿一座计七间，前东西配殿各计五间，后东西配殿各计九间，雷坛一座计五间，坤贞宇一座计三间，俱油饰柱木槛框窗槅。大高殿三面栅栏九座，共拆换跐棍十二根，各长六尺五寸，宽二寸五分，厚二寸……（《内务府呈稿》嘉营131）

27. 长编67357

为粘修大高殿牌楼、各殿座头停瓦料等项支领银两事

嘉庆十三年（1808）六月初八日壬寅

大高殿值月官员文开：今查得三面牌楼、音乐亭各殿座仙人、海马、猫儿头、剑靶、钉帽多有脱落，再大殿门槛油什爆裂，西角门门槛油什爆裂，栅栏上闩环一个找补。东大墙内外红灰脱落二段，粘补修理。为此咨行贵司作速踏勘修理。等因前来，随派库掌舒展、司匠準泰等踏勘得：

大高殿前三面牌楼、音乐亭并各殿座头停添安琉璃瓦料，东大墙外皮抹什红灰提浆一段，长一丈五尺；里皮抹什红灰提浆一段，长一丈六尺。油什大殿下槛三道并西角门下槛一道，按例需用青白灰一千九十二斤，于备用灰斤稿内声明开销外，添买红土三百六十五斤，每斤银一分。扎缚绳八十八斤，每斤银二分一厘六毫。挂麻一斤五两，每斤银二分。江米一升九合六勺，计银四分九厘。白矾一斤十五两，每斤银五分。陀僧二两三钱，计银一分七厘。土子六两八钱，计银一厘。白面一斤十四两五钱，每斤银一分四厘。白灰一斤十四两，每斤银二厘。烟子九钱，计银二厘。红土一斤十二两六钱，每斤银三分。香油五两七钱，计银二分二厘。二寸钉一百五十八个，计重三斤八两，每斤银二分九厘。壮夫十六名，每名大制钱七十五文。拉运架木八十八根，往返计装三车，五分；每车脚银二钱，计共用银六两八钱六分七厘。内除扎缚绳按例做麻刀抵银五分四厘，净用银六两八钱一分三厘，大制钱一串二百文。

又据本库库掌官敏画、匠房司匠準泰等呈称，嘉庆十二年十二月二十一日准。

大高殿值月官员文开：今查得西小院曲尺影壁因年深木植糟杇，板片不全，边柱杇烂，更换。为此咨行贵司作速踏勘修理。等因前来，随派库掌官敏画、司匠準泰等踏勘得：

西小院曲尺板墙影壁一座，面宽六尺五寸，柱高六尺五寸，外下榫长五寸，见方五寸。起入角线成造。俱照旧油什、粘补、挑换柱木。上下槛跐板按例需用七尺松木橔，一料九分二厘，入于备用木植稿内声明开销外，添买桐油九斤，每斤银五分。陀僧三两六钱，计银二分七厘。土子十两，计银一厘。白面二斤十一两九钱，每斤银一分四厘。白灰二斤十一两，每斤银二厘。红土四斤十五两二钱，每斤银三分。香油八两六钱，计银三分四厘。木匠二工五分，锯匠一工每工大制钱一百五十四文。壮夫五分，计大制钱三十七文。计共用银七钱三厘，大制钱五百七十六文。

又据本库库掌官敏画、匠房司匠準泰等呈称，嘉庆十二年十二月二十五日准。

大高殿值月官员文开：今查得前面牌楼上挺钩脱离二根，归安。下面栅栏闪裂，槛框糟杇，相应更换。龙旗架二座，修理油什爆裂。东配殿、钟鼓楼上剑靶脱落，粘补。为此咨行贵司作速踏勘修理。等因前来，随派库掌官敏画、司匠準泰等踏勘得：南面牌楼栅栏三槽内，拆换油什西边余腮下槛一根，长三尺三寸、宽三寸、厚二寸五分。壶瓶牙二块，各长一尺四寸、宽六寸、厚一寸二分。按例需用松木大橔一分五厘，七尺松木大橔一分二厘，入于备用木植稿内声明开销外，添买桐油四斤十两二钱，每斤银

五分。陀僧一两八钱，计银一分三厘。白面一斤七两二钱，每斤银一分四厘。白灰一斤七两，每斤银二厘。香油四两四钱，计银一分七厘。红土一斤六两二钱，每斤银三分。红金八张，每张银七厘。木匠一工大制钱一百五十四文。计共用银三钱八分，大制钱一百五十四文。（《内务府呈稿》嘉营187）

28. 长编67447

为修理大高殿斋堂大门用银事

嘉庆二十年（1815）十月初九日庚申

……大高殿值月员外郎俨山、富森布等呈报：查得本处斋堂房大门一间垮塌倒坏，檩木椽子糟朽损坏，瓦片不全，应行修理。大门内影壁清白灰脱落抹什，斋堂厨房临街后檐墙坍塌二段，砖无存。西小院板房花墙门过木沉陷，瓦脱落。南房西山脊被风刮落，树枝伤坏山脊、瓦片，西界墙临街外半壁坍塌数段，花瓦不全，应行拆砌抹什。等因呈明。伏候堂台批准……

29. 奏案05—0597—026

奏为查验中正殿、大高殿等工程事

嘉庆二十三年（1818）十一月十五日

……大高殿头层琉璃门前三面四柱九楼牌楼三座，音乐亭二座，俱拆修头层。随大墙琉璃门三座夹陇。二层琉璃门揭瓦（盖瓦）。

大高门一座三间，前东西值房二座、每座七间，大殿一座七间，俱揭瓦。前月台一座，粘修。东西配殿二座，每座五间，夹陇。钟鼓楼二座，拆瓦、盖瓦。旗杆二座，粘修。九天万法雷坛一座五间，夹陇。前月台一座，粘修。东西配殿二座，每座九间，夹陇。乾元阁一座，揭瓦，拆修擎檐廊。周围大墙凑长一百八十二丈三尺，随角门三座内，西面一段长十丈拆砌，其余粘修。西所北值房一座三间，拨正。南值房一座三间，补盖以及拆修、粘修板墙、门口、甬路、海墁。

装严佛像，漆饰龛案、供器、匾对以及实用现夫等项，并造办处梅洗镀金宝塔、行龙角脊瓦料，回造镀饰瓦帽钉，暨内里糊饰各项活计，露明处所丈尺、做法均属相符，谨将查验情形恭折伏奏，候命下将查验过清册移咨，该工照例核销。谨奏。

30. 长编08681

嘉庆二十三年（1818）十一月十五日

十五日己酉内阁奉旨：向来修理各项工程，俱先派员勘估，奏准后再派员承修，工竣后又派员验收。原期互相稽核，以昭慎重。乃近日承派各员俱存官官相护习气，往往遇事迁就于收工时，总以查验相符一奏了事，从未见有参奏不符者，竟成相沿具文。如本日英和等奏查验中一路等座工程，声明各相活计露明出所丈尺、做法均属相符，中一路等座工程，朕逐加阅看，修理尚为完整，惟后殿乾元阁，朕昨乘马经过望见阁上琉璃圆顶多有裂损形迹，并未见新。此系露明处，该查验大臣等岂得诿为不见，乃不将承修之员参奏，殊属徇隐。所有乾元阁琉璃圆顶即著原修之员与英和、那彦宝、诚安公同赔修见新，以示薄惩。嗣后派出查验工程大员务各认真稽考，不可彼此瞻徇，以昭核实。（《嘉庆皇帝起居注》，中国历史第一档案馆编，广西师范大学出版社，2006年4月版）

31. 长编 67495

为修理大高殿斋堂房支领银两事

道光二年（1822）七月二十三日乙未

大高殿值月员外郎庆奎等文开：查得本处临街斋堂南房五间、大门一间，大木歪闪走错，现在坍塌，南房四间，檩木椽子伤坏，砖瓦临街俱已不全。并随大门内曲尺花墙影壁外面墙垣粘补修理，以及墙垣抹什。西板房正房三间，南房三间，后檐席箔糟朽渗漏。顶棚墙壁脱落糊什。曲尺木植板片影壁一座，上下过木糟朽。随墙开裂粘补抹什。毛楼一间，瓦片脱落，随角门花墙粘补。修理墙垣，抹什随临街卡墙一段，外面零星墙垣粘补修理以及皇上出入本殿拈香所经道路，事关紧要，本处回明大人等位……（《内务府呈稿》道营22）

32. 长编 67617

大高殿房间等修理完竣查验粗符呈复事

道光二十一年（1841）十二月二十八日丁未

员外郎德毓呈为呈明查验呈覆事。准承修大高殿房间工程监督堂委署主事富隆阿复称：……大高殿西所大门一间，南房四间，现查东四间坍塌，西一间大木歪闪……今拟东四间补盖，西一间拆盖……照旧油饰、糊饰。大门内院墙、抔（卡）墙凑长六丈三尺，今拟补砌拆砌长二丈三尺随门口一座，粘修长四丈以及圈、厂、棚座等项，出拆换下糟朽木植折作木柴抵除银两外，净准照估销工料银叁百捌拾玖两肆钱壹分叁厘。……（《内务府呈稿》道营264）

33. 长编 22113

命李鸿藻承修大高殿工程

清光绪十九年（1893）十月初四日

壬子，命李鸿藻承修大高殿工程。（《光绪朝东华录》光绪十九年十月初四日，共5册，第3册，第46页第8条）

34. 长编 02469

光绪二十七年（1901）六月初七

谕军机大臣：世续等奏，大高殿前后殿、亭座均多伤损，请辞承修一折。大高殿系恭备拈香之处，自应修理整齐，以昭敬慎。著张百熙、景沣、陈夔龙归并跸路工程，核实估修。（《清德宗实录》光绪二十七年六月初七）

35. 长编 28123

张百熙等奏报估修大高殿工程钱粮数目及开工日期事

清光绪二十七年（1901）八月二十日

臣张百熙、景沣、陈夔龙跪奏：为敬谨详细查勘大高殿工程、筹拟办法、核实估修，恭折奏闻，仰祈圣鉴。

臣等承准军机大臣字寄，六月初七日奉上谕：世续等具奏，大高殿前后殿宇亭座，均多伤损，请饬承修一折。大高殿系恭备拈香之处，自应修理整齐，以昭敬慎。著派张百熙、景沣、陈夔龙归并跸路工程核修。钦此钦遵。

寄信前来，臣等谨查。大高殿本在禁城之外，洋兵盘踞最久，其伤损情形亦最为重大。今勘得自大门外牌楼起，直大高殿后檐及东西配殿，均有破碎伤折。第二层九天雷祖殿头停全无，石栏杆拆毁，仅余大木墙垣。后层乾元阁、坤贞宇及围墙门扇并有损坏。至各处神像及祭器陈设等项，全行佚失。自洋兵交还后，内务府已将各门堵闭，派设看守，免致再有疏虞。

臣等伏思，大高殿为祈祷重地，自应遵旨修理整齐，以昭敬慎。现已饬厂商先将殿宇各工详细拟订做法，核实估计钱粮。所有应行取户、工各衙门，物料均归厂商按市价采买，实用实销，不准丝毫浮冒。据各厂商将估价密封呈递前来。臣等择其估价最廉者，严加删减，共需十成实银陆万壹千陆百伍十两。伏候命下，即由臣等知照户部按二两平照估发给。无庸再行减成。现由户部拨给银贰万伍千两，俾厂商赶紧备办物料，当照钦天监选择八月十二日敬谨开工。预限两个月，一律修理完竣。

惟从前所供神像多系铜质包金，工艺异常精致。现在铜斤短少，良工乏人，当物力艰难之时，未易规复旧制。查正殿神像之前向本设有玉皇上帝大天尊神牌，今拟于工竣后先行将神牌安设，敬备回銮后恭诣拈香。至祭器陈设等项，向归内务府经理。而装修神像尤非详谙成式，不敢轻率从事。

查世续等原奏，统归臣等制备。窃恐于一切做法未尽合宜，拟请旨饬下内务府照旧恭备，以昭慎重。所有臣等估修大高殿工程钱粮数目及开工日期，谨恭折具陈，并开具做法清单、绘图贴说、工程御览，伏乞皇太后、皇上圣鉴。谨奏。

36. 长编 69137

内务府奏为大高殿门外西南角黄亭失火议处有关人员事折

光绪二十九年（1903）闰五月十五日戊戌

总管内务府谨奏为奏闻请旨事。本月十四日申刻，大高殿门外西南角黄亭不戒于火，经世续、庄山、增崇驰往，会同步军统领肃亲王善耆等督饬两翼官兵、各局巡捕及各城水会等赶紧扑救。至酉刻始熄。其余处所并未延及。除将该处看守人披甲永康、苏拉恩荣交慎刑司审办外，臣等未能先事预防，殊属疏忽。

请旨将臣等及该营司员交部照例请处。再臣继禄现在住班合并声明。伏乞皇太后、皇上圣鉴。谨奏请旨。

光绪二十九年闰五月十五日具奏。奉旨：依议。叙此。

37. 奏销档 879—049

奏请派员估修大高殿黄亭等处工程折

光绪二十九年（1903）六月十四日

……大高殿山门外迤西黄庭一座，于闰五月十四日不戒于火，经臣等奏明在案。伏思此项工程亟应及时修复，以壮观瞻。又查西面、南面牌楼并三面栅栏亦有应修情形，可否敕下工部查勘兴修之处……

38. 奏销档 879—103

奏请部拨大高殿黄亭等处工程银两折

光绪二十九年（1903）九月初九日

……需十成银一万一千五百两……

39. 长编 24250

光绪三十四年（1908）二月十六日

交内务府、民政部：本日民政奏变通成例，请估修大高殿牌楼要工一折，奉旨著派奎俊会同估修。钦此。相应传知贵府、贵部。钦遵可也，此交。二月十六日。（《光续宣统两朝上谕档》光绪三十四年二月十六日）

40. 长编 02250

光绪依内务府查俊奏议大高殿牌楼工款由部库筹拨

清光绪三十四年（1908）三月八日

总管内务府大臣奏：大高殿牌楼要工，需用款项，请由部库筹拨。依议行。（《清德宗实录》光绪三十四年三月八日）

41. 长编 69218

内务府大臣查俊为估修大高殿牌楼请筹拨银两奏稿

清光绪三十四年（1908）三月八日

……所需琉璃、颜料、赤金、加木等项，一律随工办理，总期款不虚糜，工归实际。经奴才一再核减，共计估需十成实银九千八百三十两。

总结

1. 修缮记录

清代大高殿仍大体延续明代的功能，与紫禁城内钦安殿、玄穹宝殿并称为清代皇家三大道场。据史料记载，清代对大高殿院落格局及建筑本体有较大影响的改造及修缮有三次，分别如下。

（1）1752—1754 年（乾隆十七年至十九年）修缮、改建大高殿，拆除原有砖门三座改建为大高玄门，同时期还在大高玄门、东西两侧建有七间值房两座及围墙一围，拆除前值房两座及后耳殿两座。

（2）1767—1768 年（乾隆三十二年至三十三年）修缮、改造大高殿，在此次修缮改造后院内建筑格局定格，保存至今。

1767 年（乾隆三十二年）添配大高殿、钟鼓楼琉璃瓦件。1768 年（乾隆三十三年）增高大高殿建筑群东、西、北三面围墙，使与南面围墙同高。

（3）因 1900 年（光绪二十六年）八国联军侵华时，法军占据大高殿，对大高殿进行了可移动文物的洗劫及不可移动文物的破坏，1901 年对全院建筑进行头停椽望、装修、台基、院落等项的修缮。

2. 史料与木材鉴定结果对照 [①]

（1）大高玄殿

表 1-1 大高玄殿树种鉴定结果

编号	名称	位置	树种	拉丁学名
NO.168	大额枋	D1-F1	润楠	Machilus sp.
NO.169	大额枋	A8-C8	桢楠	Phoebe sp.
NO.170	大额枋	C8-D8	润楠	Machilus sp.
NO.171	大额枋	D8-F8	润楠	Machilus sp.
NO.172	大额枋	F1-F2	润楠	Machilus sp.
NO.173	大额枋	F2-F3	桢楠	Phoebe sp.
NO.174	大额枋	F3-F4	桢楠	Phoebe sp.
NO.175	大额枋	F4-F5	润楠	Machilus sp.
NO.176	大额枋	F5-F6	润楠	Machilus sp.
NO.177	大额枋	F6-F7	润楠	Machilus sp.
NO.178	大额枋	F7-F8	润楠	Machilus sp.
NO.179	小额枋	A1-A2	润楠	Machilus sp.
NO.180	小额枋	A2-A3	润楠	Machilus sp.
NO.181	小额枋	A3-A4	润楠	Machilus sp.
NO.182	小额枋	A4-A5	桢楠	Phoebe sp.
NO.183	小额枋	A5-A6	润楠	Machilus sp.
NO.184	小额枋	A6-A7	润楠	Machilus sp.
NO.185	小额枋	A7-A8	润楠	Machilus sp.
NO.186	小额枋	A1-C1	润楠	Machilus sp.

[①] 表 1-1、图 1-1、图 1-2、图 1-3 均来自《大高玄殿木结构材质状况勘查报告》中节选部分。

编号	名称	位置	树种	拉丁学名
NO.187	小额枋	C1-D1	润楠	Machilus sp.
NO.188	小额枋	D1-F1	润楠	Machilus sp.
NO.189	小额枋	A8-C8	润楠	Machilus sp.
NO.190	小额枋	C8-D8	润楠	Machilus sp.
NO.191	小额枋	D8-F8	润楠	Machilus sp.
NO.192	小额枋	F1-F2	润楠	Machilus sp.
NO.193	小额枋	F2-F3	润楠	Machilus sp.
NO.194	小额枋	F3-F4	润楠	Machilus sp.
NO.195	小额枋	F4-F5	润楠	Machilus sp.

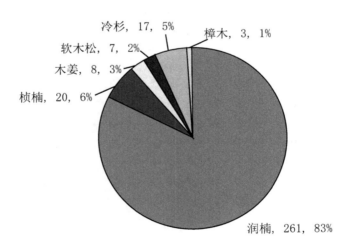

图 1-1　大高玄殿所用木材树种占比

（2）坤贞宇

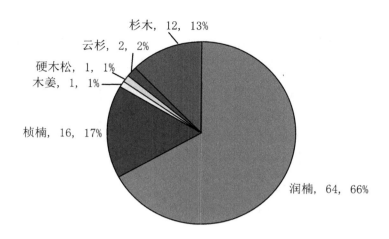

图1-2　坤贞宇所用木材树种占比

（3）乾元阁

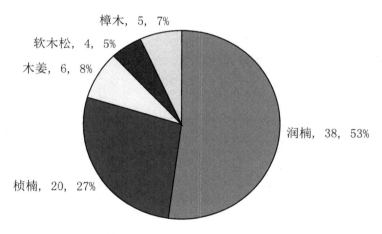

图1-3　乾元阁所用木材树种占比

大高玄门为1752—1754年（乾隆十七年至十九年）时拆除原有砖门改的歇山式三间大门（大木结构多为松木）。九天应元雷坛殿为1901年（光绪二十七年）进行的上架大木结构（大木结构多为松木）的复建。其余文物本体的大木结构多为楠木，应为1752年（乾隆十七年）大修大高玄殿前既有建筑。至于当时的修缮项目及修缮规模，史料记载不详。

2012年5月，中国林业科学研究院木材工业研究所出具的《大高玄殿木结构材质状况勘查报告》中指出，大高玄殿建筑群木结构所用树种为11种，分别为润楠、桢楠、硬木松、落叶松、木姜、软木松、云杉、冷杉、侧柏、杉木和樟木，其中润楠、桢楠和木姜在结构木材中用量超过了75%，说明木结构的配置基本上保留了初建时的状态。因此证明现存各殿座所用木料树种鉴定分析的结果也与史料记载相对应。

三、民国时期

民国时期对于大高玄殿建筑群的文献记载较为简单，只有 6 次拆修缮记录提纲性摘要。

1920 年，大高玄殿门外南牌楼因木柱伤折向南倾斜，遂将其拆除。

1924 年，大高玄殿同太庙、景山一起由清室善后委员会接管。

1925 年，纳入故宫博物院管理。

1932 年，因扩充道路，东、西两牌楼下台阶拆除。

1937 年，修缮大高玄殿牌楼，由恒茂木厂恢复南牌楼。

1943 年，修缮大高玄殿围墙及习礼亭。

直至北平解放时，大高玄殿的建筑保存状况并不理想。

四、中华人民共和国成立后

1949 年 1 月北平和平解放，大高玄殿由故宫博物院收回管理，不久又被借用。1950 年为改善大高玄殿前交通，将东、西牌楼北侧红墙拆除。1952—1954 年大高玄殿东、西配殿及后东配殿之屋顶重点修整。

1. 档案编号 19530962 工描述的大高殿修缮做法

预算总表

工程名称：大高殿东西配殿修缮工程
第 1 页

项目	工程类别	数量	单位	单价	合价	备注
1	屋顶揭瓦	400	平方米	67,200	26,880,000	
2	更换橡望	400	平方米	112,000	44,800,000	
3	屋顶夹陇	800	平方米	8,600	6,880,000	
4	归安角梁	10	个	180,000	1,800,000	
5	更换角梁	2	个	2,010,000	4,020,000	
6	绳杆架木				4,200,000	
7	管理费				17,720,000	
总计					106,300,000	

大高殿东西配殿修缮工程

甲：工程概说

大高殿在三座门大街，明嘉靖年间创建，清乾隆十一年重修。院内建筑物年久失修，尤以东西配殿后坡檐头坍坏，椽望糟朽很是严重。兹现将东西配殿及后东配殿之屋顶重点修整，详见后列修缮概要及细则。

乙：修缮概要

项目	名称	残破现状	修缮概要
一	前东配殿	瓦顶生草，瓦件脱节残缺，后坡檐步及翼角塌毁，椽望连檐瓦口残缺，翼角下陷，角梁走闪	瓦顶后坡檐步及翼角揭瓦，其余部分均捉节夹陇，揭瓦处椽望糟朽残缺者更换，归安角梁
二	前西配殿	瓦顶生草，瓦件脱节残缺，后坡南端两间檐步及翼角椽望糟朽，连檐瓦口残缺，翼角下陷，角梁走闪	瓦顶局部（后坡南二间檐步）及翼角揭瓦，其余部分均捉节夹陇，揭瓦处椽望糟朽残缺者更换，归安角梁
三	后东配殿	瓦顶生草，瓦件脱节残缺，后坡檐步及翼角椽望糟朽，连檐瓦口残缺，翼角下陷，角梁走闪	瓦顶局部（翼角及后坡檐步）揭瓦，其余部分均捉节夹陇，揭瓦处椽望糟朽残缺者更换，归安角梁

丙：施工细则

一、揭瓦瓦顶

凡揭瓦部分，现将瓦件妥为拆下，码放指定地点，不得损坏。旧有灰背一律铲除干净。于大木椽望修整后，在望板上涂臭油一道，苫百比五青白灰麻刀护板灰一道，厚一公分，赶轧光平坚实，再苫一比三灰焦渣背一层，厚约八公分，赶轧光平，干后再以一比二白灰细焦渣照原制瓦瓦。用麻刀青白灰捉节夹陇（每白灰百斤掺麻刀五斤）。瓦件接搭处用灰挤严，捉节夹陇务须赶轧光平，瓦好后将瓦件擦拭干净，并须当匀陇直曲线圆和。

二、更换椽望

将瓦件拆除后，详细检查椽飞、望板、连檐、瓦口、闸当板、里口木等，缺欠者添配，糟朽轻微者钉补，椽子压弯，或糟朽程度长过五公分者，或断面面积烂掉四分之一，未能荷重者，具用原尺寸杉木更换。飞头糟朽长过五公分或后尾不足一飞二尾者及望板糟朽厚度不足二公分者，皆用红松木更换。新换椽飞，长度至少需足一飞二尾。望板厚二公分，横铺柳叶逢，三面刨光。连檐瓦口、闸当板、里口木等更换者，皆用干燥红松木照原订尺寸承做。

三、拔草抅抿捉节夹陇

先将全部灰节及杂草小树连根清除干净，然后用百比五青白灰麻刀捉节夹陇，做时先将瓦顶扫净，清水淋透，捉节用小抹子抅抿，赶压光平，瓦陇不直或瓦顶曲线有欠圆和之处，一律整理归安，瓦兽件残缺者照原样添配。

四、角梁

翼角瓦件灰背揭除后仔细检查角梁，凡表皮糟朽可以剔补，脱榫处归安，并加铁活拉固。凡角梁糟朽过甚，以红松木料照原样更换，榫卯等亦须照原样承做并加拉铁活。凡贴灰背处须涂臭油一道。

丁：附注

一、琉璃瓦件须详细点查，按实需数量开列清单，照数添配，顶帽暂不添配。

二、屋顶隐蔽部分角梁暂按设计数量估算（更换仔角梁两根，归安角梁十处），连同椽望也是按照每平方尺单价，于竣工前以增减账结算。

三、工竣验收前，须将渣土运至城外渣土存收场。

四、本工程所用材料

红松、杉木用二等材，白灰 70% 以上块灰，麻刀用大白麻刀。所有各项材料均须经监工员检查合格，方可使用。

五、本工程施工期间，由承揽人支搭安全架木，保证安全施工，倘有伤亡事故发生，一切责任由承揽人负责。

六、本工程施工期间，须小心火烛，爱护院内树木、建筑，并须遵守门禁制度。

设计者　于倬云　审核者　杜仙洲

2. 档案编号 19540979 工，报告大高殿工程检验结果

移交档案部门故宫设计科，日期为 1954 年 12 月 16 日。主要内容如下。

（1）关于大高殿配殿修缮工程，经前往检查，所作工程尚合乎古建筑原状。

（2）该殿前院有旗杆两个，有些糟朽且斜岔糟朽严重，东端旗杆的东南斜岔及西端旗杆的西北斜岔将折断，以致旗杆有些歪闪。

故宫设计科向有关单位提出的意见：该旗杆高约二十公尺，夹杆石雕刻精美，是有史艺价值的，且与大高殿建筑整体性有关系。我们的意见要保留，并且为了安全，势须修缮。在文物政策上，凡使用各建筑的单位有保护古建筑的义务，因此仍请有关单位设法修缮。

1956 年，因交通需要，大高玄殿第一进院中的两处习礼亭在经过测绘存档后拆除。

1960 年，中央党校为保存文物和美化校园，将东、西两牌坊之部件拼装改建，遂使"弘佑天民"坊于该校掠燕湖畔重新矗立。

有关单位使用期间，院内添建多处临建，并将大高玄门两侧值房及围墙拆除（具体拆除年代未有记载）。

2004 年，开始实施"人文奥运"文物保护工程，大高玄殿南牌楼于原址复建。

2011 年，大高玄殿乾元阁在故宫博物院相关主管部门的努力下，予以修缮。

▶▶ 五、小结

仅以所掌握的历史文献大体可以归纳出大高玄殿的几个发展阶段。

1. 1542—1729 年（明嘉靖二十一年至清雍正七年）。查阅清早期历史文献显示：这一时期，大高玄殿多以现状维修为主，未有拆改、翻修等工程项目的开展，应属于大高玄殿完整的明代建筑格局的保存期，约 200 年。

2. 1743—1949 年（清乾隆八年至中华人民共和国成立）。大高玄殿于乾隆朝经历两次较大的改、翻修等工程项目后，多以现状维修为主，未再有拆改、翻修等工程项目的开展。这一阶段应属于大高玄殿乾隆朝（明、清混合）建筑格局的保存期，约 200 年。

3. 1950 年至今。这一时期，大高玄殿前东、西牌楼北侧红墙，大高玄殿第一进院中的两处习礼亭，大高玄门东、西值房及围墙拆除。院内多处添建临时用房。这一阶段应属于大高玄殿不完整的乾隆朝建筑格局的保存期，约 70 年。

笔者认为：如果仅将大高玄门东、西值房及围墙复建，所有临时用房拆除，大墙以内即可恢复到乾隆朝（明、清混合）建筑格局。此与现行法律、法规、准则不相违背，可操作性强，乃事半功倍之事。如进而再将大高玄殿前东、西牌楼和红墙一围及两处习礼亭在现有地形上以仿古石基的方式进行铺装，展示原有建筑位置、院落格局，再配以园林绿化衬托呼应，可以显见：对市政、道路、园林绿化等部门影响不大，可操作性强。此举可完全展示大高玄殿乾隆朝历史原貌。大高玄殿毗邻故宫、景山、北海，对其科学修缮有助于公众更加全面地认知、体验北京皇城的城市构成、社会生活、历史变迁等内容，增强对旧城文化资源的整体利用。

第二节　大高玄殿建筑群历史图纸收集与分析

▶ 一、台北故宫博物院藏康熙中叶《皇城宫殿衙署图》

1. 现钟、鼓楼位置图中画示为"须弥座砖砖炉"，查文献又无钟、鼓楼拆修记载。绘图有误？存疑。

2. 大高玄殿现为重檐五间大殿，图示为单檐五间大殿，查文献大高玄殿都为现状修缮记录，无单檐改重檐记录。绘图有误？存疑。

3. 雷坛殿前东、西配殿现为九间，图示为五间，查文献又无配殿拆改记载。绘图有误？存疑。

4. 图中画示的其他文物本体与文献记载一致。

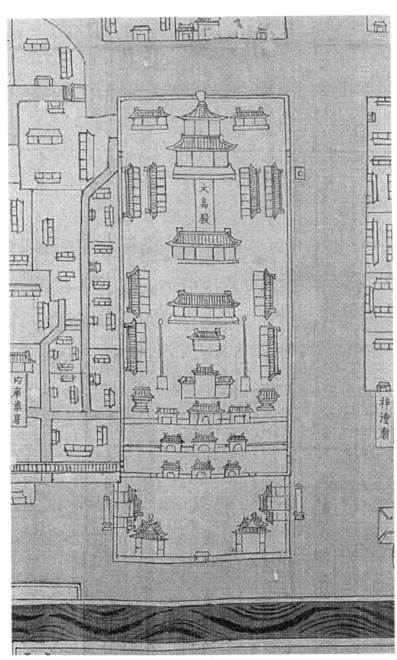

台北故宫博物院藏康熙中叶《皇城宫殿衙署图》

▶▶ 二、乾隆十五年《京城全图》

1. 图中所示与乾隆十七年至十九年（1752—1754）大修时期的文献记录一致。

2. 与《皇城宫殿衙署图》时差约一甲子，而此段时期又无记载大高玄殿由单檐改为重檐，"须弥座砖砖炉"改为大木结构"钟、鼓楼"的文献。

3. 雷坛殿前东、西配殿图示为九间，与现状一致。

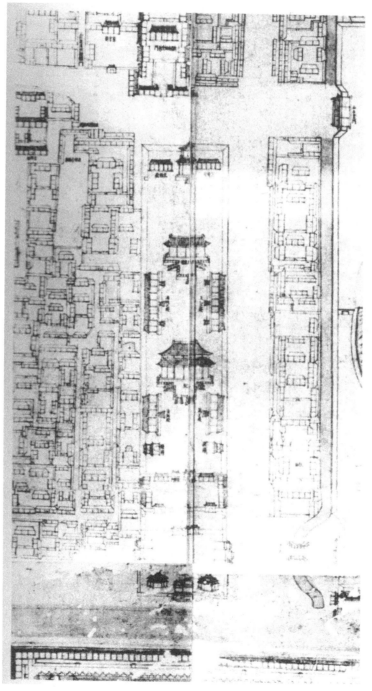

乾隆十五年《京城全图》

▶ 三、《大高殿等拟建各工情形立样全图》

1. 经与文献记载相校，基本可以认定，院落格局应为乾隆三十三年（1768）大修后格局。

2. 此图所示信息与文献记载一致，图上表达的信息翔实、可靠。

3. 图中院落铺装与排水系统都与现状勘察基本一致，可作为复原院落环境的重要依据。

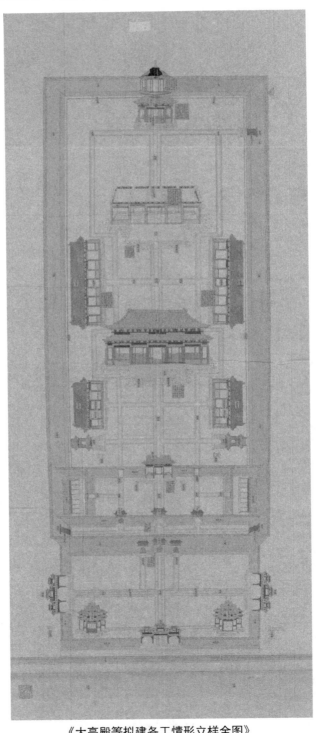

《大高殿等拟建各工情形立样全图》

四、《大高玄殿修缮工程图》

1. 本图为1952—1954年大高玄殿修缮工程图。比例为1：200。设计人：于倬云、祁英涛、何凤兰。

2. 本图中大高玄门左、右两值房及围墙存在。

3. 图示当时大高玄殿及雷坛殿内尚无加固支撑附柱。

4. 平面布局与乾隆时期基本相同，仅后院西北角添加小房。

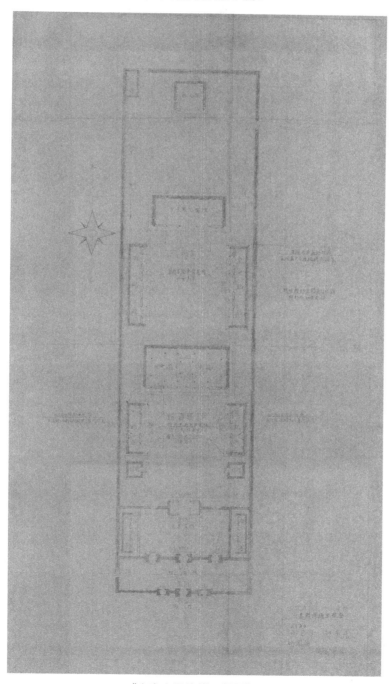

《大高玄殿修缮工程图》

▶ 五、2012 年现状测绘图

1. 图示表达院落内现存古建筑及部队进驻期间添加的临时建筑。
2. 大高玄门前东、西值房及围墙拆除。

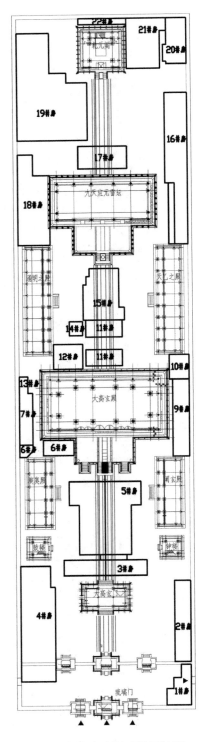

2012 年大高玄殿现状测绘图

第二章 大高玄殿乾元阁修缮设计项目的立项与前期勘查

第一节　大高玄殿乾元阁修缮设计项目的前期勘查

大高玄殿位于北京市西城区景山西街 21 号、23 号，南临景山前街，北至陟山门街，东西两侧分别与景山、北海公园毗邻，东南与故宫博物院相望。大高玄殿建筑群坐北朝南，南北长 244 米，东西宽 57 米，占地约 14000 平方米。乾元阁为中轴线上后端的建筑，也是最后一进院落的主体建筑。

▶ 一、文献考证

乾元阁的修缮设计是大高玄殿整体修缮工程的一部分，因此历史资料的查证也是其中一部分。鉴于大高玄殿的历史，前辈、同仁论述者甚多，尤其以杨新成先生的《大高玄殿建筑群变迁考略》最为详实，文章以大量文献和现场勘查为依据进行了论述。而本文中笔者则以所掌握文献仅叙述对乾元阁建筑产生重要影响的历史阶段，重点从文献资料中提炼阐明乾元阁建筑的初创期、建筑面貌变革期和现存年代三个阶段，因为对这三个阶段的归纳总结对建筑修缮最为重要。

《明世宗实录》记载，大高玄殿始建于明代嘉靖二十一年（1542），乾元阁同时期建成，当时名为"无上阁（清代改名乾元阁）"[1]。其用途根据《酌中志》卷一七记载："殿之东北曰无上阁，其下曰龙章凤篆，曰始阳斋，曰象一宫，所供象一帝君，范金为之，高尺许，乃世庙玄修之御容也。"[2]据史料记载，清代康熙、雍正、乾隆、嘉庆几个时期对大高玄殿均有修缮。其中乾隆朝对乾元阁所在院落的改动最大，拆除了乾元阁前的东、西配殿，但是没有对乾元阁建筑本身进行拆改。清代这几个时期对乾元阁的修缮均为"粘补"，清代后期则很少有对乾元阁的修缮。中华民国时期及中华人民共和国成立后，对其也没有进行大规模的改建和修缮工程。因此，从文献角度看，乾元阁的建筑主体保存了明代嘉靖朝原构。

抗日战争时期，大高玄殿为日军强占。1945 年抗战胜利后，又被国民党军队接管。

1949 年 1 月北平和平解放，大高玄殿由故宫博物院收回管理，不久又被借用。1956 年，因改建文津街至景山前街道路，将大高玄殿前的三座牌坊、两座习礼亭及围墙一并拆除，构件运到月坛公园保存。1960 年中央党校为保存文物和美化校园，将东、西两牌坊之部件拼装改建，遂使"弘佑天民"坊于该校掠燕湖畔重新矗立。

2003 年乾元阁因漏雨严重，进行过瓦面排险工作，因工程定位于排险，工程内容只涉及屋面。将上下二层瓦面揭瓦至泥、灰背，局部糟朽严重的椽、望进行了更换，泥灰背进行了挖补，重新瓦（音袜，重铺新瓦）瓦。从此次现场勘察发现，2003 年的屋面排险工作，排除了瓦面漏雨对大木结构的隐患，有效地保护了大木结构的安全，但文物本体其他部分的工程项目并未涉及，损伤及隐患情况仍然存在。

现今，随着有关单位从大高玄殿腾退，大高玄殿还归故宫博物院管理，全面地、系统地对大高玄殿

---

① 杨新成. 大高玄殿建筑群变迁考略 [J]. 故宫博物院院刊, 2012(2): 91-92.

② （明）刘若愚. 酌中志 [M]. 北京：北京古籍出版社, 1994.

进行修缮就被提上了议事日程。大高玄殿于 1957 年成为北京市首批文物保护单位，1996 年被提升为全国重点文物保护单位。

▶ 二、现场勘查

（一）建筑形制现状的勘查和测绘

对大高玄殿乾元阁本体的详细勘查，包括实地测量建筑遗存各部构件，记载分析其损伤、病害、拆改的具体状况。前期在不能揭露其内部结构的情况下，只能对于可见的局部进行少量探查。总体而言，梁架结构隐藏在内部，并且殿座等部位仍处于日常使用状态，无法对建筑进行深入的检查，对于其损伤病害的判断和分析只能更多地依赖于现象和经验。

2010 年 10 月国家文物局批复了"大高玄殿乾元阁修复"的立项申请。项目组与故宫博物院经过协商后决定：在前期立项勘查的基础上，进行全面的残损情况勘查、残损病害成因分析检测，并根据残损情况、残损病害成因制定可靠、详细、具有针对性的方案。

乾元阁为二层楼阁式建筑，明代供奉象一帝君（元始天尊），清代是帝王祈雨之所。

乾元阁的基础为汉白玉须弥座，须弥座四周围以汉白玉三幅云宝瓶栏杆柱子，龙鹤望柱头。明间前出御路踏跺，中间丹陛雕刻龙凤、仙鹤图案。从建筑形状、瓦色和匾额可知，一层象征地，二层象征天。一、二层合起来象征天地，故而此建筑也称乾坤阁。

乾元阁二层平面为圆形，攒尖顶，圆形宝顶，屋面覆以蓝色琉璃瓦。二层设平座，周围廊，环护以荷叶净瓶枨杖栏杆。上层檐下施以重昂五踩斗栱，绘金龙和玺彩画。南面正中悬挂用满、汉两种文字书写的云龙斗匾"乾元阁"，为乾隆御笔。前面五楹每间以槅扇门窗装修，三交六椀菱花格棂心。北面三楹为木板墙。内外圆形金柱、檐柱各 8 根，16 根柱全部安放于一层顺、趴梁之上（无通柱），其上梁架为两趴梁座于檐檩，承托金檩及上部结构。室内为团龙井口天花，顶部有盘龙藻井，披麻加漆木地板。阁内后部设有木质神龛一座，圆形八面，毗卢帽顶，后五面是木板，前有垂幔。龛内又置一圆形小亭，六面攒尖顶，有重昂七踩斗栱，每间四攒，四周置栏杆，下部为木须弥座。

一层平面为方形，边长 15 米，面阔三间，屋面覆以黄色琉璃瓦。檐下施以单翘单昂五踩斗栱，绘金龙和玺彩画。明间上部悬挂满、汉两种文字书写的云龙斗匾"坤贞宇"，为乾隆御笔。明间为四抹槅扇门四扇，次间为槛窗，棂心已毁。乾元阁一层由外围 12 根檐柱、内围 4 根金柱组成。一层大木结构体由柱、梁、枋相互锁咬，榫卯交错，形成抬梁式结构。内部井口天花，现存天花板上存有两个时期的天花作品，底层的为硬做（在地仗上彩绘），表层的为软做（纸上做后裱贴于前期画面上），等级有区分。底层做法为"片金团龙天花，烟琢墨金搭瓣岔角云"，沥粉工艺精细。面层做法为"片金团龙天花，金琢墨岔角云"，用金量大，工艺比底层稍差。支条燕尾存留的是后期做法，燕尾云同岔角云金琢墨做法。上层天花无方股子线，形状为梯形。下层为方形方股线距支条为 3 厘米，尺度很小。方砖铺地，有木楼梯转折通往二层的乾元阁。

乾元阁修缮前照片

正立面

一层室内

二层室内

夹层梁架

夹层大木梁架拔榫及开裂现状

夹层梁架脱榫现状

一层檐飞现状

一层角檐现状

一层角檐下沉及二层平座、挂檐外倾现状

西侧外墙及台基现状

南侧台基现状

西南角台基石构件现状

北外墙后开门洞现状

一层内檐彩画现状

一层内金柱反向侧角现状

一层楼梯现状

一层楼梯底侧

夹层可视金柱下顺梁出现较大弯曲

夹层内承椽枋拔榫（金柱外倾，约束力不足）

一层室内天花底层与纸上绘面层彩画

二层平栏处地面做法——传统锡背防水

宝顶损伤现状

二层瓦面损伤现状

二层金柱外倾与楼板产生的缝隙

二层弯穿插梁彩绘现状

二层金柱柱头处彩绘现状

二层木装修现状

二层金部木装修现状

二层内檐彩画及油饰现状

二层井口天花现状（底层彩画与纸上绘面层彩画）

二层内檐盘龙藻井现状

二层外檐彩画及油饰现状

二层平栏栏杆现状（北侧）

一层石栏杆现状（西侧）

一层石栏杆现状（西南角）

一层外墙砖风化酥碱现状（东北角）

乾元阁修缮前图纸

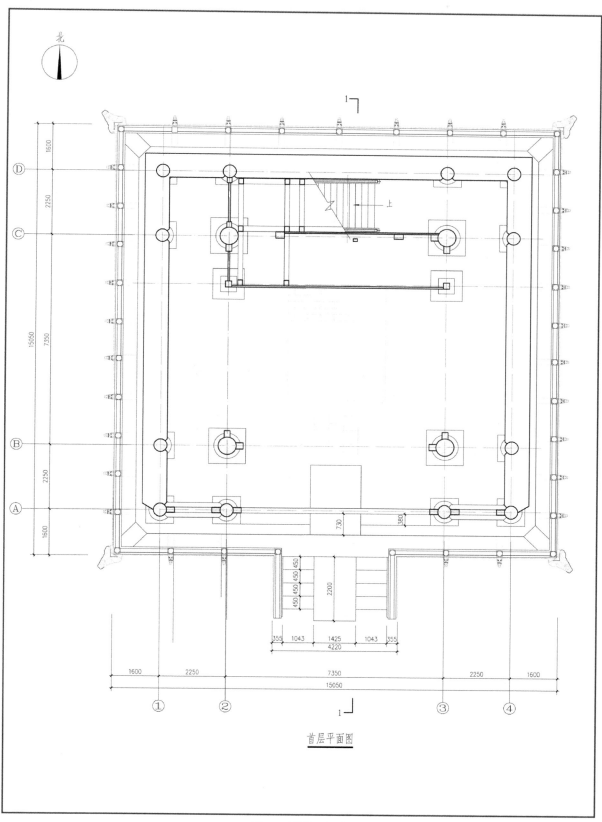

首层平面图

图一　首层平面图

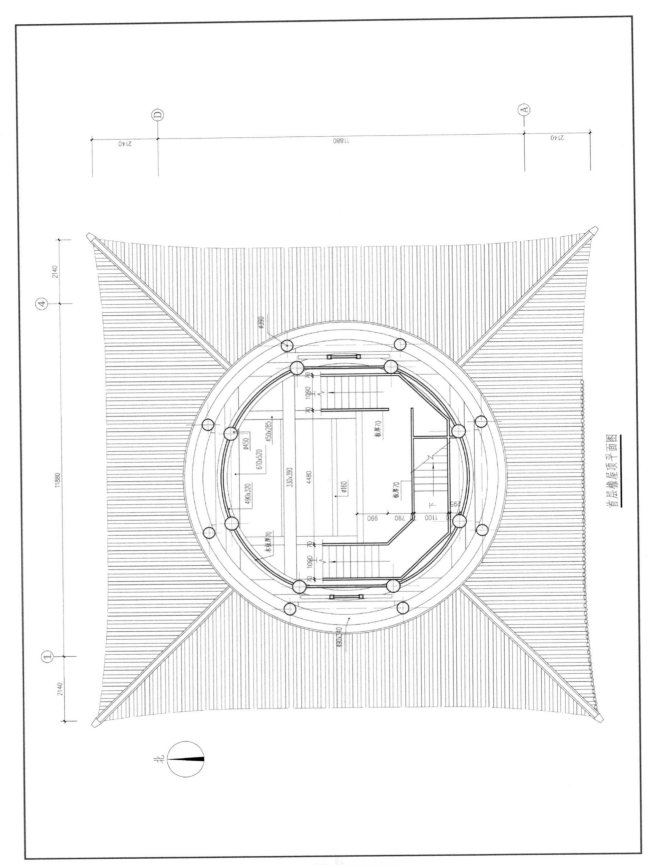

图二　首层檐屋顶平面图

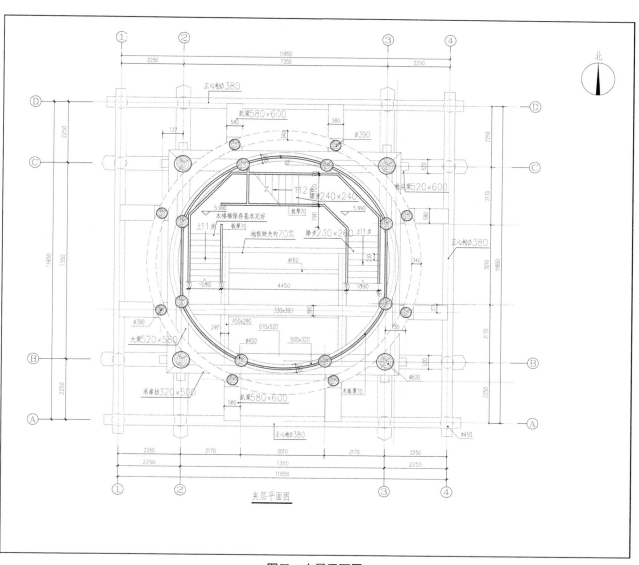

图三　夹层平面图

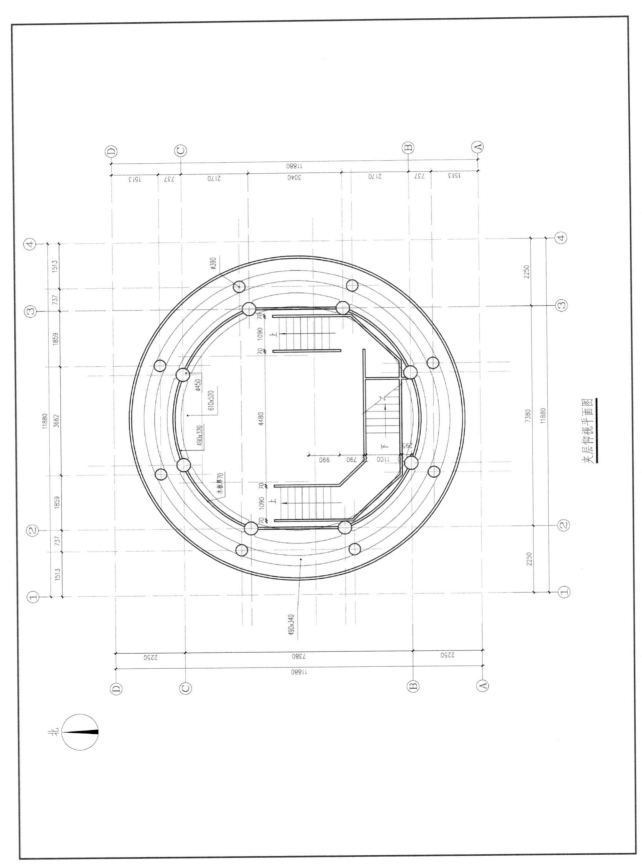

图四　夹层仰视平面图

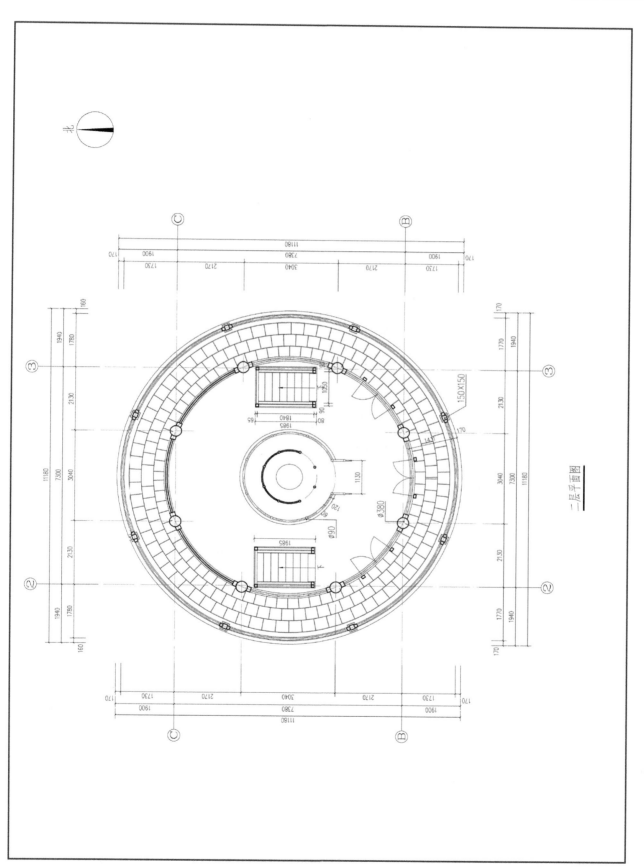

图五　二层平面图

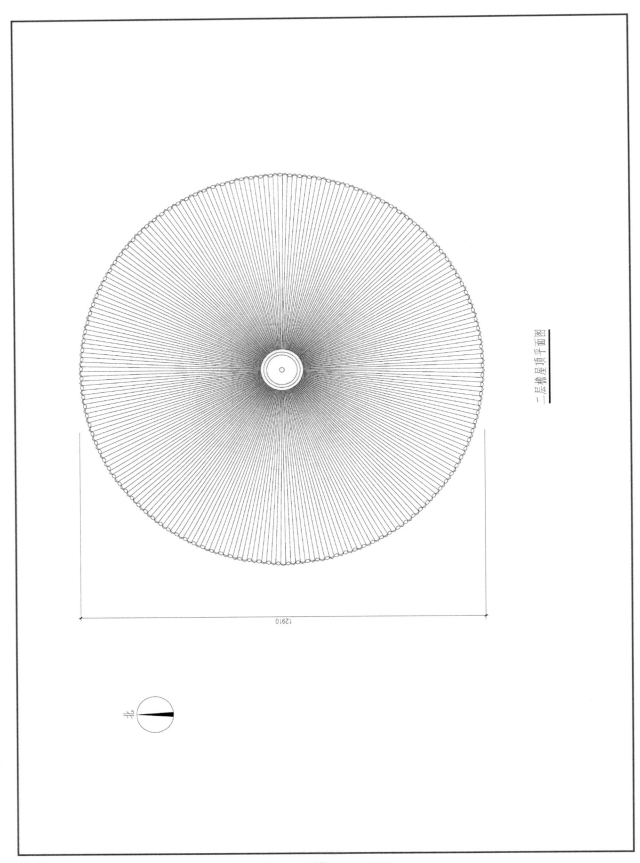

图六　二层檐屋顶平面图

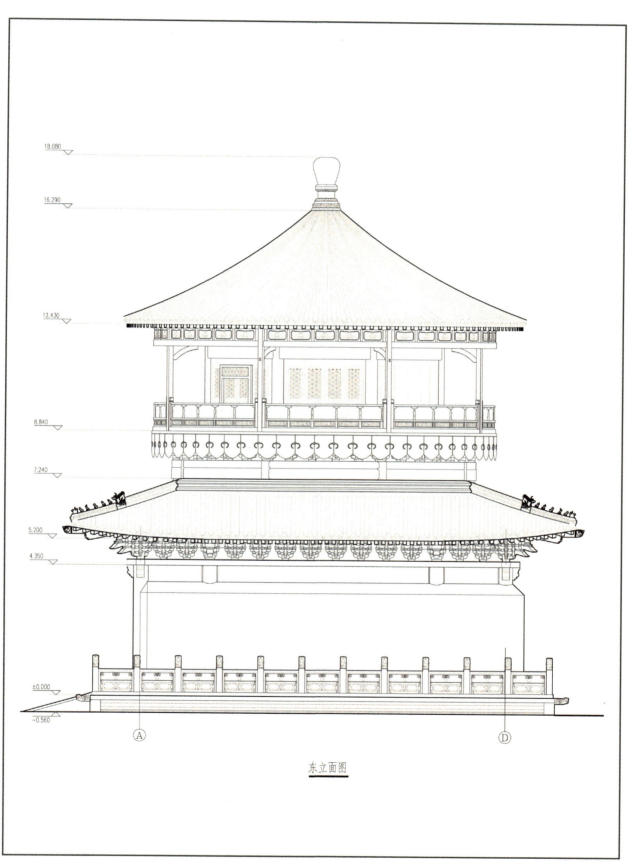

18.080

16.290

12.430

8.840

7.240

5.200

4.350

±0.000
−0.560

Ⓐ

Ⓓ

东立面图

图七 东立面图

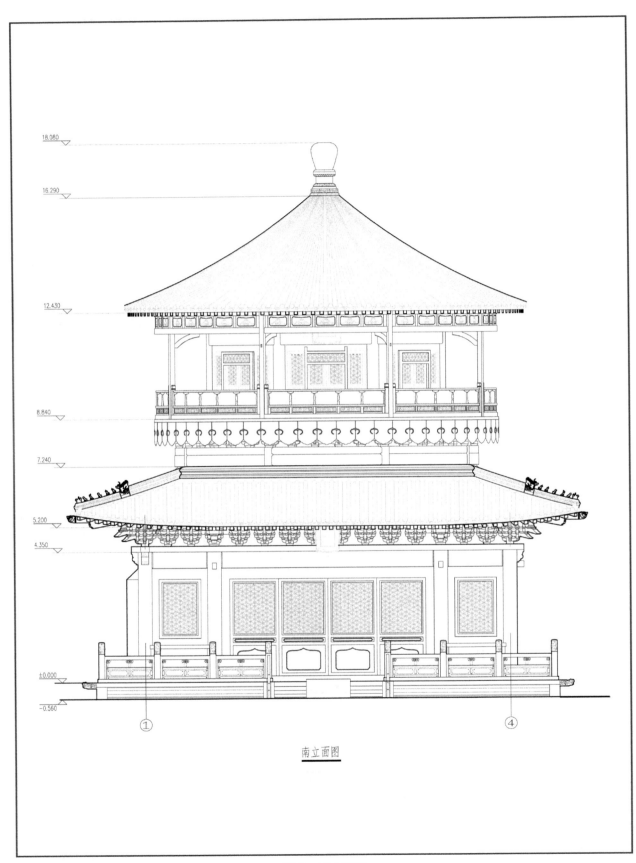

图八　南立面图

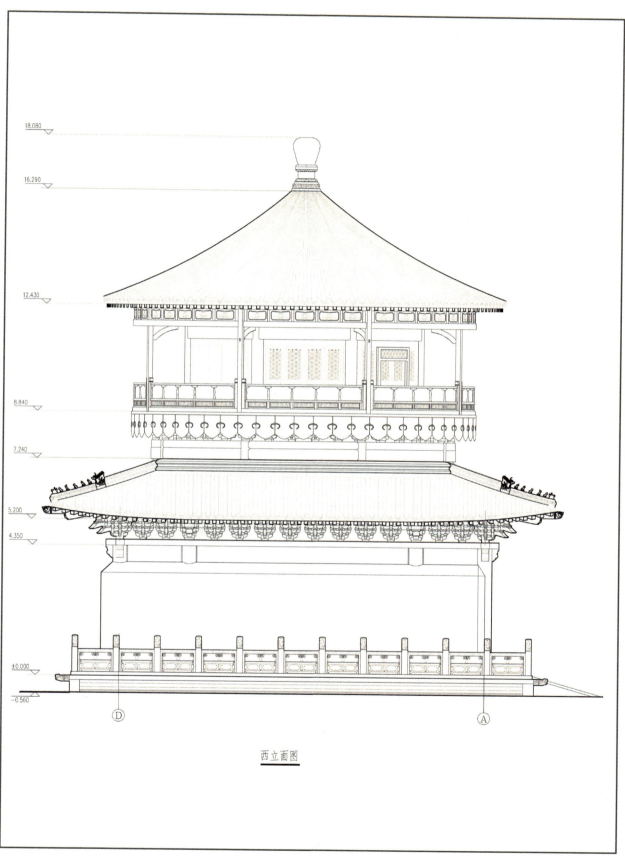

18.080

16.290

12.430

8.840

7.240

5.200

4.350

±0.000

−0.560

Ⓓ

Ⓐ

西立面图

图九　西立面图

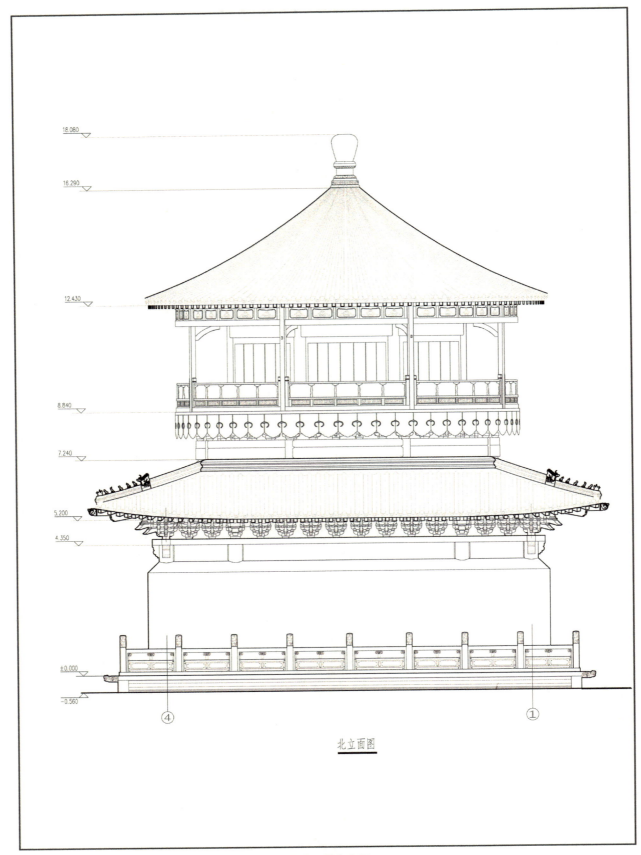

图十　北立面图

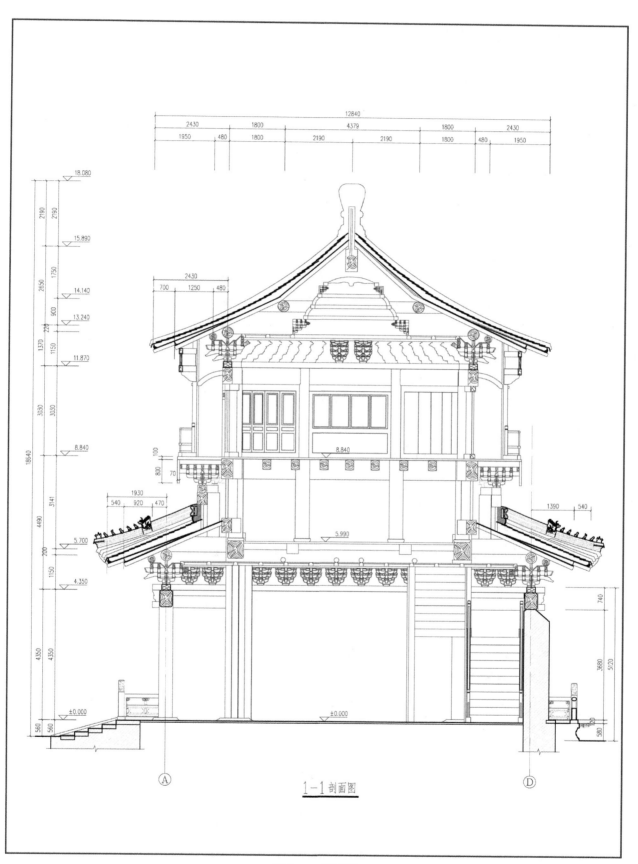

1-1 剖面图

图十一 剖面图

（二）残损、病害情况的勘察

目前，文物建筑残损及病害情况的勘察主要有人工勘察判断和机械设备勘察判断两种。本设计采取的是人工判断手段，内容包括实地测量文物建筑本体各部构件，记录和初步判断损伤、病害、拆改的状况和成因以及可能产生的隐患。

总体上，乾元阁的保存状况不佳，存在较为严重的损伤及病害。本节按照文物本体的结构将残损及病害分为大木结构、屋面及琉璃构件、墙体与台基、木装修、油漆彩画五类进行叙述。

1. 大高玄殿乾元阁大木结构体系残损及病害情况

在对大木结构现状的勘察过程中，发现其损伤大致可分为三类：一是人为地在长期使用过程中对于建筑形制的拆改；二是由于时限较长，建筑上所使用的材料出现程度不同的损伤（材料老化、变质、腐朽、性能丧失等）；三是多次受自然力作用导致建筑出现不同程度的损伤。

通过详细勘察发现其大木结构多处部位出现残损点，结合《古建筑木结构维护与加固技术规范》（GB 50165—92）[1]结构可靠性鉴定原则：大木结构修缮前已属于Ⅲ类建筑（承重结构中关键部位的残损点或其组合已影响结构安全和正常使用，有必要采取加固或修理措施，但尚不致立即发生危险），抗震鉴定为不合格。

大高玄殿乾元阁大木构架形制保存基本完好，大木构架结构存在诸多损伤，已影响到大木结构的整体安全。现通过三个层面对大木结构所存在的问题进行分析，究其成因，给以对策。

乾元阁一层平面呈方形，面阔3间，由外12根檐柱、中4根金柱组成。一层大木结构体由柱、梁、枋相互锁咬组成，榫卯交错，结构科学合理。

乾元阁二层平面呈圆形，设平座及周围廊，内外各施8根圆柱分隔，这16根全部安放于一层顺、趴梁之上（未有通柱），其上梁架为两趴梁座于檐檩，承托金檩及上部结构。

此结构体系中普遍存在以下问题。

（1）木结构糟朽。这是普遍存在的问题，主要出现于柱子（以隐入墙中者为主）、头停椽望和檩木等构件上。

（2）木结构走闪、拔榫。大木结构走闪、拔榫发生的破坏变形和地震等外力作用，直接影响到建筑的安全（木结构体系约束力不足，由木构件自身刚度不足、自身结构性损伤所致）。

（3）部分木结构构件刚度不足，致使部分构件挠度过大，对结构整体稳定性产生负面影响。

（4）部分受力集中部位木结构构件强度不足，构件损坏。

（5）在施工过程中详查时，还发现有少量构件的损伤。主因乃木材本身存在的材料缺陷。

（6）上述多种损伤共同出现在同一构件上的情况。

木结构具体部位损伤情况如下。

一层西南金柱、二层8根金柱中的南侧5根金柱均出现反向侧脚（外倾），最大值为2.14%（此数据已考虑到柱身收分的现场实测值）。

一层西南金柱的外闪，推断与其上承托二层两根金柱的主梁出现的损伤有关，系连带变形、走闪。

---

① 2011年大高玄殿修缮时使用的标准文件，下同。

二层与金柱相连的柱头额枋、柱身承重枋、柱身下侧的承椽枋均出现了程度不同的拔榫情况，同时伴随有大木结构的走闪问题。此种情况的出现说明二层木结构的整体约束力不足。二层平座斗拱、挂檐板外倾，最大处达到了 12 厘米，走闪严重。说明斗拱后尾约束力不足，这也是明、清时期斗拱的通病。

部分木结构构件刚度不足，致使部分构件挠度过大，对结构整体稳定性产生负面影响。这种损伤主要出现在一层角梁、挑檐檩、一层主梁等大木结构上。

一层屋面上出尺寸大，挑檐深远，其下大木构件的承载力不能有效承托檐飞荷载，致使斗拱外倾、拱件损伤、挑檐檩弯垂。

角科斗拱大斗受力过大，致使角科斗拱竖向压缩及其下平板枋出现不均匀压缩变形（木材的天然纤维不均匀），翼角下沉，达 10 ～ 18 厘米。

有少量木构件因木材本身存在的材料缺陷产生损伤。

一层西侧承托二层两根金柱的主梁同时出现了材料开裂、刚度不足、挠度过大等情况。

平座夹层部分斗拱歪闪，部分构件损坏、缺失。

柱子隐入墙中部分、头停椽望和檩木等构件出现部分糟朽、外闪问题。

大木结构现状图纸

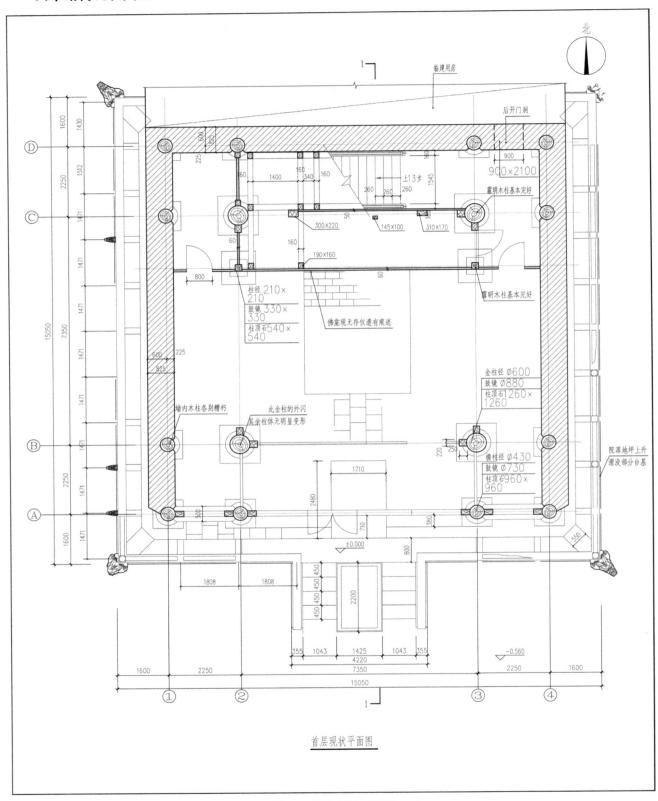

图一 首层现状平面图

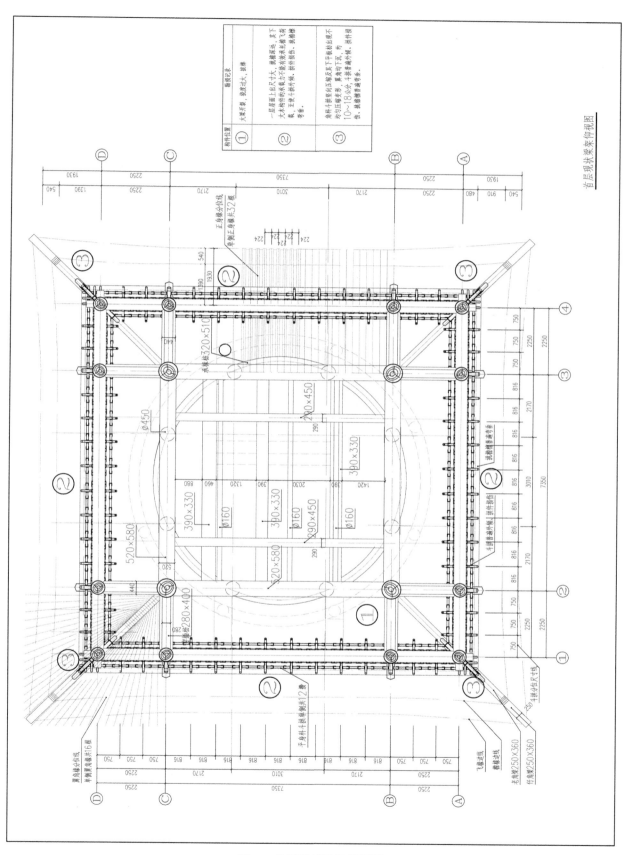

图二　首层现状梁架仰视图

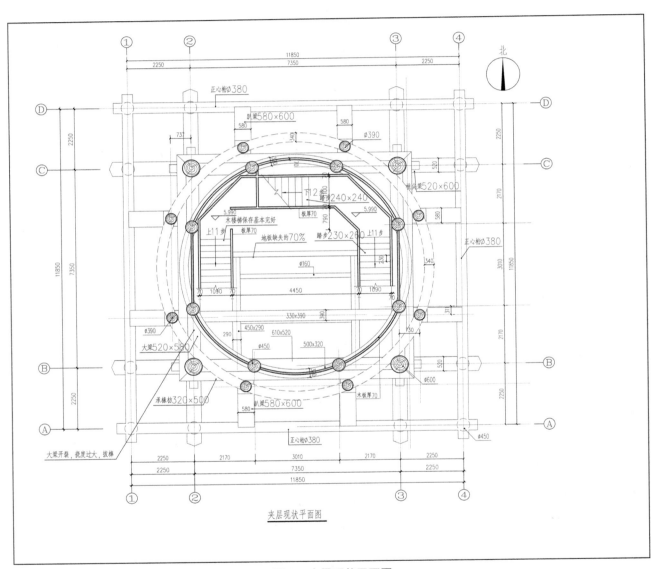

图三　夹层现状平面图

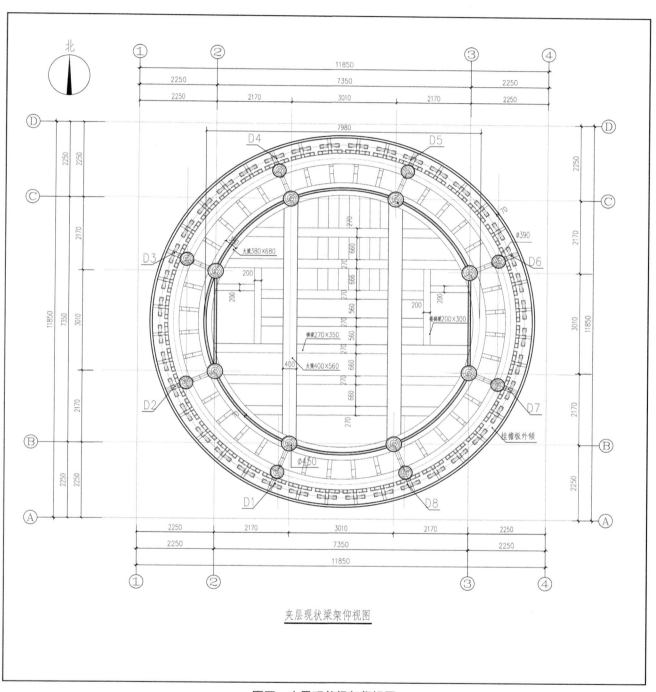

夹层现状梁架仰视图

图四 夹层现状梁架仰视图

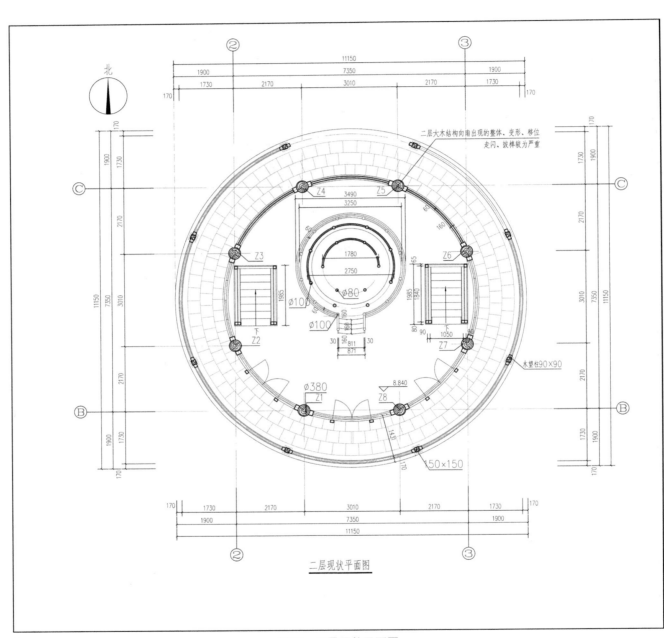

图五　二层现状平面图

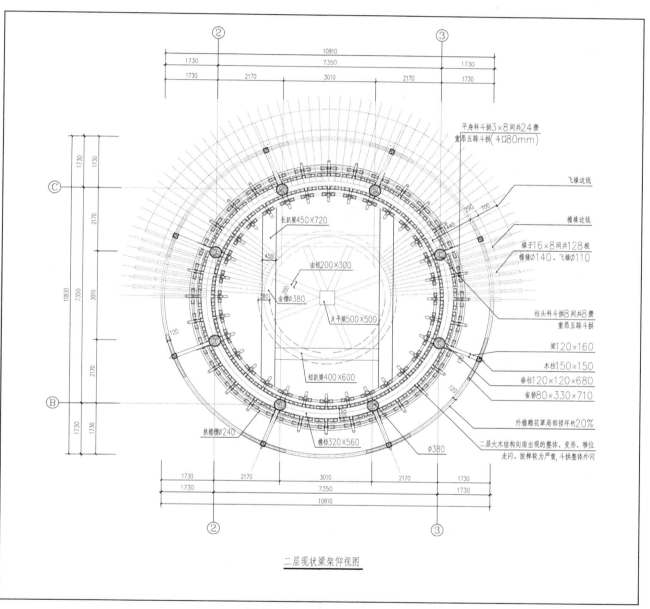

二层现状梁架仰视图

图六　二层现状梁架仰视图

平座斗拱勘损统计表（重拱五踩斗口75mm）

斗拱编号	构件位置	勘损记录
D1 角科	外檐	厢拱小斗缺失1个
D1.1平身科	外檐	基本完好
D1.2平身科	外檐	厢拱小斗扭闪
D1.3平身科	外檐	基本完好
D1.4平身科	外檐	整体向外侧倾闪，下沉30mm，厢拱缺失小斗1个
D2 角科	外檐	厢拱小斗缺失1个，扭闪1个
D2.1平身科	外檐	基本完好
D2.2平身科	外檐	厢拱小斗扭闪，向南侧下沉20mm，外拽拱小斗扭闪1个
D2.3平身科	外檐	正心万拱缺小斗1个，外拽万拱小斗脱榫，厢拱小斗扭闪
D2.4平身科	外檐	斗拱整体松动移位、扭闪严重，厢拱小斗缺失1个，外拽瓜拱小斗移位严重，错位60mm
D3 角科	外檐	整体向南下沉30mm，厢拱缺失小斗1个，外拽万拱向内侧倾闪20mm
D3.1平身科	外檐	厢拱缺失小斗1个
D3.2平身科	外檐	外拽瓜拱缺失小斗，厢拱小斗扭闪、脱榫
D3.3平身科	外檐	外拽瓜拱小斗缺失1个，外拽万拱小斗扭闪
D3.4平身科	外檐	厢拱小斗无存
D4 角科	外檐	厢拱缺失小斗1个，外拽万拱小斗向西位移30mm，正心万拱脱榫，整体向北侧歪闪
D4.1平身科	外檐	厢拱小斗无存
D4.2平身科	外檐	外拽万拱、厢拱小斗位移严重
D4.3平身科	外檐	外拽瓜拱小斗位移向西侧80mm，厢拱小斗扭闪，与D4.4之间拱垫板缺失
D4.4平身科	外檐	基本完好，小斗有微闪
D5 角科	外檐	厢拱小斗无存，蚂蚱头劈裂
D5.1平身科	外檐	厢拱小斗无存
D5.2平身科	外檐	厢拱小斗无存，整体向南歪闪20mm，后尾下沉20mm
D5.3平身科	外檐	厢拱小斗无存
D5.4平身科	外檐	厢拱小斗缺失1个，整体向北侧歪闪
D6 角科	外檐	厢拱小斗缺失1个，后尾下沉30mm，外拽万拱小斗向男移100mm，整体南倾30mm
D6.1平身科	外檐	外拽万拱双侧小斗移位严重，厢拱北侧小斗位移
D6.2平身科	外檐	外拽万拱向南移60mm，厢拱小斗缺失1个
D6.3平身科	外檐	外拽瓜拱缺小斗1个
D6.4平身科	外檐	厢拱无存，槽子升损坏缺角，外拽瓜拱缺失小斗1个，外拽万拱脱榫
D7 角科	外檐	厢拱缺失小斗1个，整体南倾30mm
D7.1平身科	外檐	外拽瓜拱缺失小斗1个，厢拱小斗扭闪
D7.2平身科	外檐	外拽瓜拱缺失小斗1个，厢拱扭闪
D7.3平身科	外檐	厢拱小斗扭闪
D7.4平身科	外檐	外拽万拱小斗位移，扭闪
D8 角科	外檐	厢拱小斗无存
D8.1平身科	外檐	厢拱小斗缺失1个，扭闪1个，外拽瓜拱小斗缺失1个
D8.2平身科	外檐	厢拱缺失小斗1个
D8.3平身科	外檐	厢拱两侧小斗扭闪严重
D8.4平身科	外檐	厢拱小斗扭闪

注：平座斗拱外倾最大处达12cm，走闪严重，致使挂檐板随之外倾

图七　平座斗拱勘损统计表

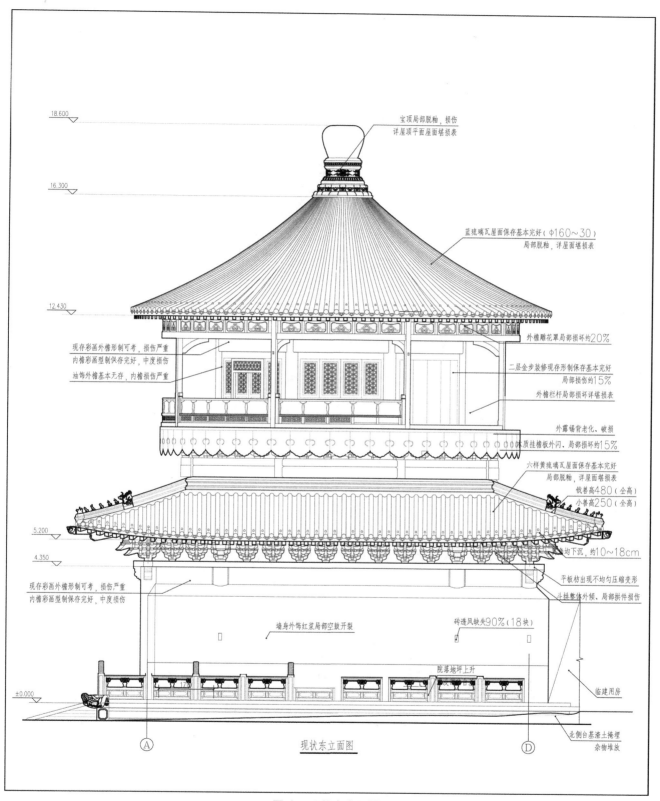

18.600

16.300

12.430

宝顶局部脱釉，损伤
详屋顶平面屋面墙损表

蓝琉璃瓦屋面保存基本完好（Φ160~30）
局部脱釉，详屋面墙损表

现存彩画外檐形制可考，损伤严重
内檐彩画型制保存完好，中度损伤
油饰外檐基本无存，内檐损伤严重

外檐雕花罩局部损坏约20%

二层金步装修现存形制保存基本完好
局部损伤约15%

外檐栏杆局部损坏详墙损表

外露锡背老化、破损

体质挂檐板外闪，局部损坏约15%

六样黄琉璃瓦屋面保存基本完好
局部脱釉，详屋面墙损表
钱兽高480（全高）
小兽高250（全高）

5.200

4.350

现存彩画外檐形制可考，损伤严重
内檐彩画型制保存完好，中度损伤

均下沉，约10~18cm

平板枋出现不均匀压缩变形

斗拱整体外倾、局部拱件损伤

墙身外饰红浆局部空鼓开裂

砖透风缺失90%（18块）

院落地坪上升

临建用房

±0.000

Ⓐ

现状东立面图

Ⓓ

北侧台基淤土掩埋
杂物堆放

图八 现状东立面图

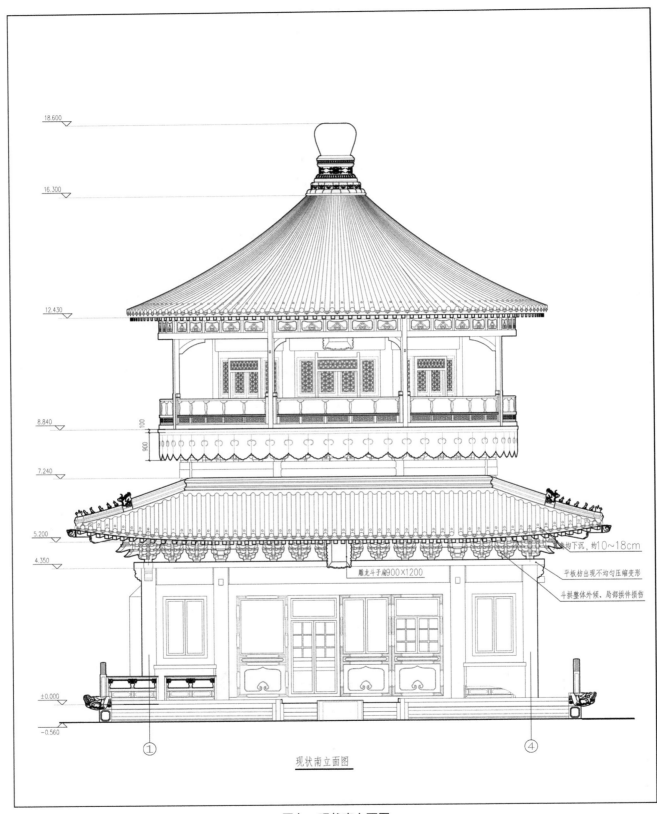

现状南立面图

图九　现状南立面图

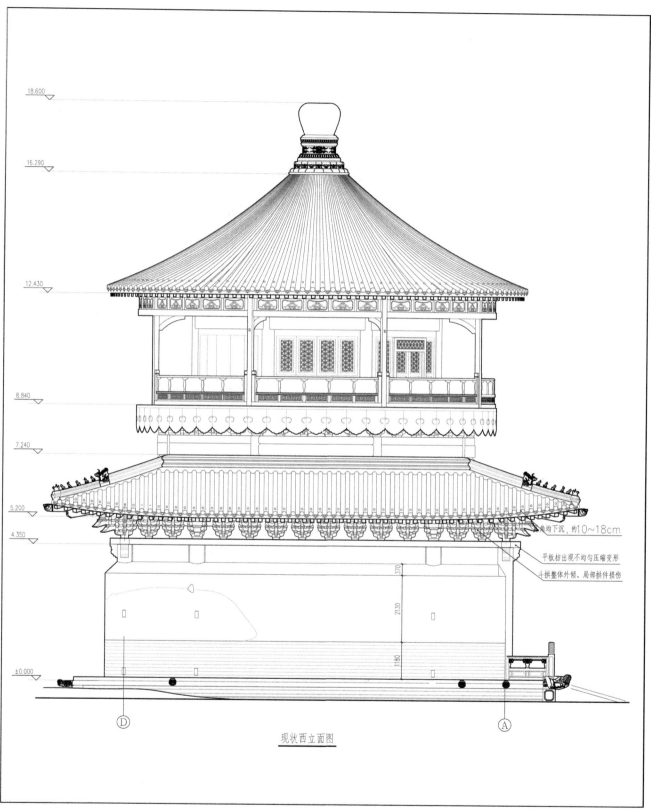

图十　现状西立面图

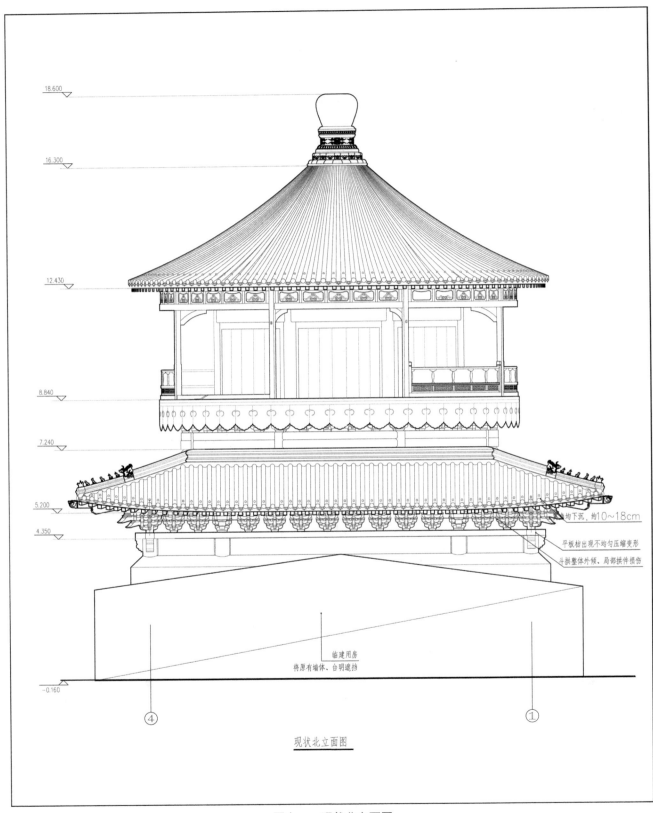

图十一　现状北立面图

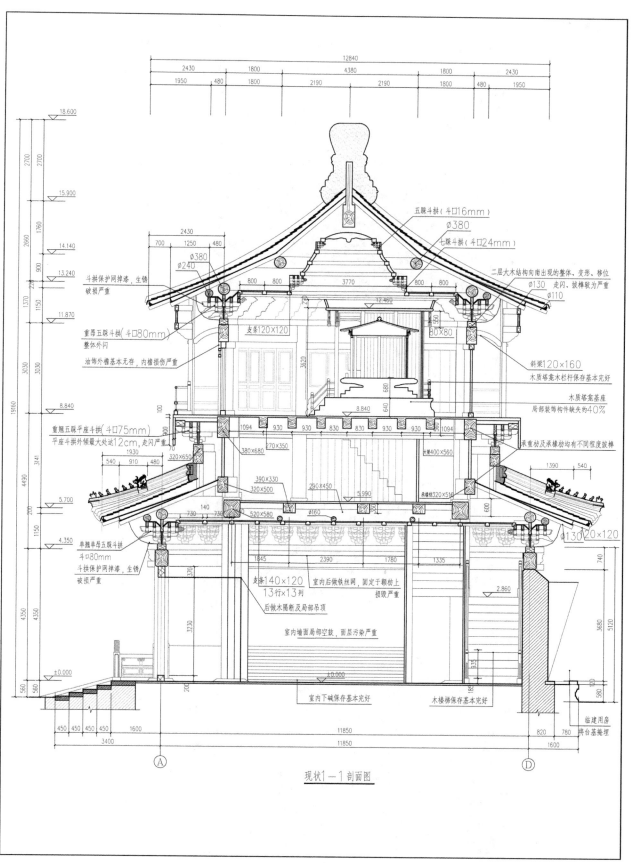

图十二　现状剖面图

现状1—1剖面图

现场照片

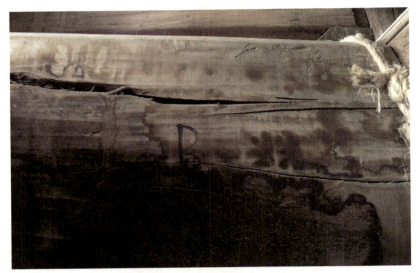

二层承重梁身内侧东端梁身多道水平裂缝

二层承重梁身内侧东端开裂处宽约 3 厘米，水平通裂

二层承重梁身内侧西端下部裂缝及东端梁身水平裂缝

二层承重梁西端内侧下部裂缝细节

二层承重梁、趴梁及二层柱、承椽枋构造细部照片

二层南承重梁

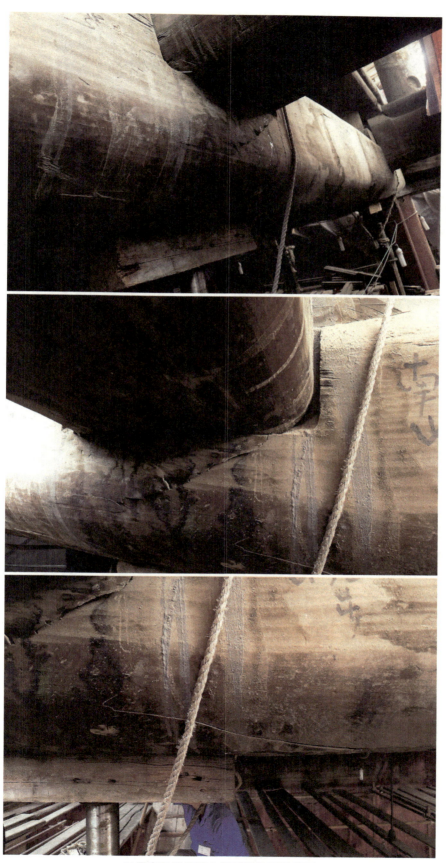

二层南承重梁跨中楼板枋榫卯处劈裂

二层南承重梁梁身西端劈裂

二层南承重梁身水平裂缝

二层南承重梁身底部劈裂处

二层承重梁及通楼板梁、住楼板梁、次楼板梁、通支条、井口天花内部梁架施工中现状

二层南承重梁身底面裂缝细部

二层南承重梁一体式通支条处开裂

二层南承重梁梁身细部裂纹

二层南梁内侧梁身下端裂缝细部

二层南承重梁梁底通支条一体式做法

二层南承重梁梁底通支条

二层东承重梁与支条

二层通支条

二层通支条与斗拱后尾构造关系

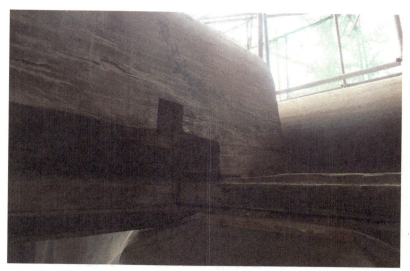

二层通支条及挑尖梁细部构造

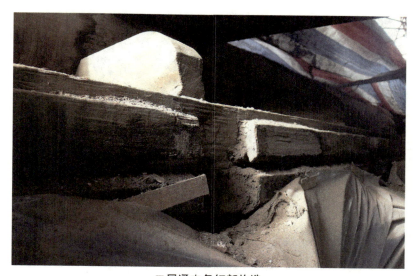

二层通支条细部构造

主梁与帽梁间构造

主梁与帽梁间构造细部

主楼板梁

暗层处楼板梁构造

暗层处主楼板梁、次楼板梁、帽梁构造

大木构架油饰品地仗做法

楼板主梁、楼板次梁与榫卯处

帽梁

挑尖梁

趴梁与斗拱

井口天花与主梁、帽梁、楼板梁间构造

平座处构造细部

二层平座斗拱楼板枋位移拔榫开裂现状

埋墙柱柱根现状

西北角埋墙檐柱柱身保存状态

铁片抄手

2. 宝顶、瓦件等琉璃构件残损及病害情况

乾元阁二层宝顶蓝色琉璃脱釉，胎砖风化、酥碱；一、二层瓦件均有碎裂和脱釉现象。

琉璃构件现状图纸

一层瓦面现状残损统计表

构件位置	基本完好	脱釉50%以下	脱釉50%以上	残损
南坡	40%	20%	40%	钉帽损坏1个，勾头缺失1个
西坡	10%	20%	70%	钉帽缺失1个
北坡	10%	20%	70%	钉帽缺失1个
东坡	30%	25%	45%	钉帽缺失3个
脊1	40%	30%	30%	构件保存基本完好
脊2	20%	20%	60%	构件保存基本完好
脊3	20%	30%	50%	构件保存基本完好
脊4	40%	30%	30%	构件保存基本完好
围脊	40%	30%	30%	构件保存基本完好

图一　一层瓦面现状残损统计表

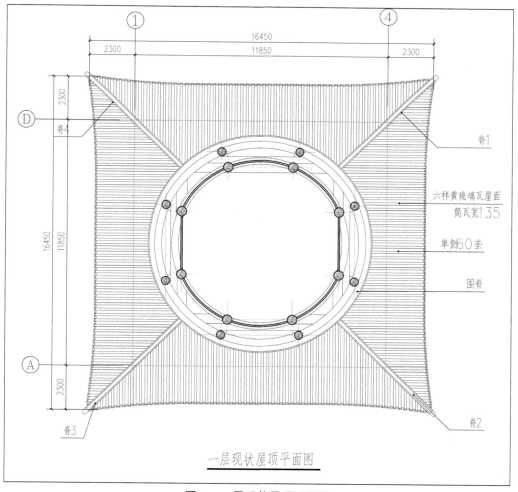

图二　一层现状屋顶平面图

二层瓦面现状残损统计表

构件位置	基本完好	脱釉50%以下	脱釉50%以下	残损
瓦面	50%	25%	25%	瓦件保存基本完好
宝顶	脱釉70%			宝珠西侧开裂两道长250mm，东北角开裂约10mm宽，有铁箍加固，宝顶下伏东北角残破、开裂

注：将现有避雷系统拆下，妥善保管。待主体工程完成后，重新检修安装，确保正常使用

图三　二层瓦面现状残损统计表

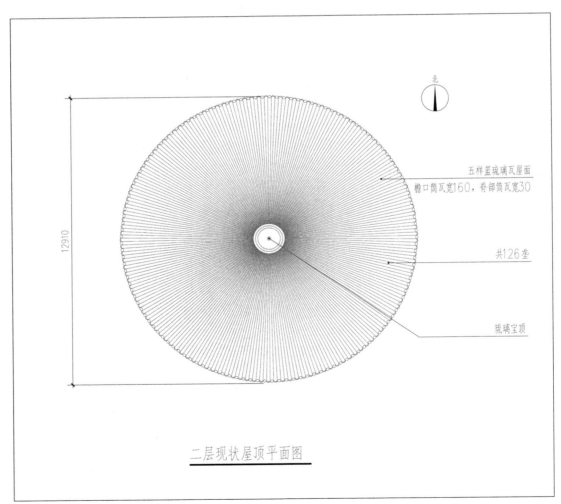

二层现状屋顶平面图

图四　二层现状屋顶平面图

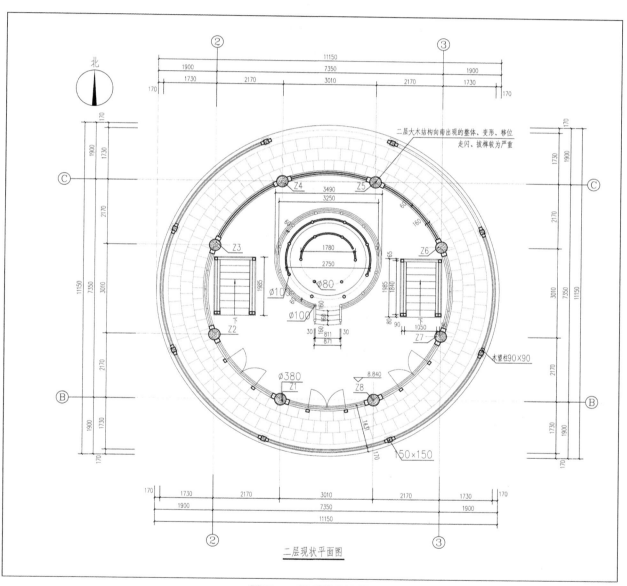

图五　二层现状平面图

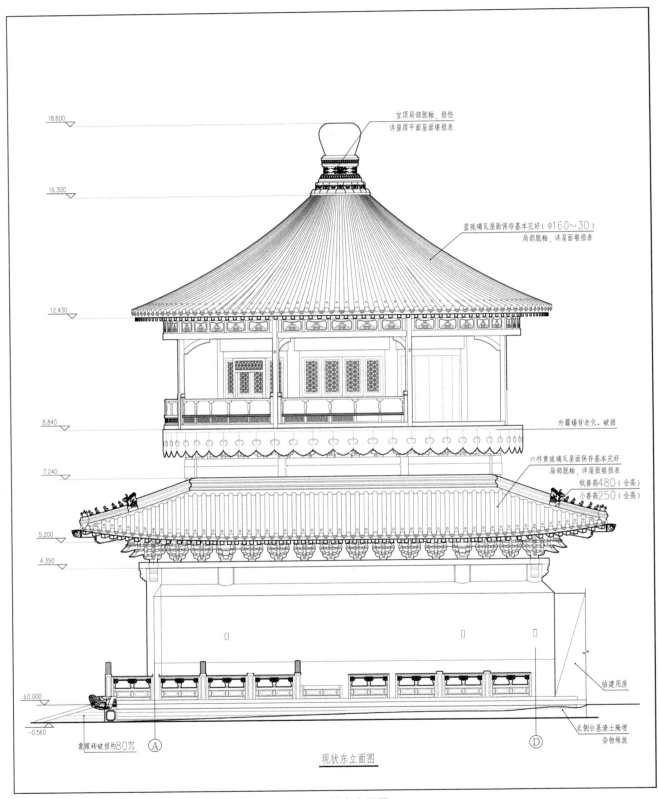

宝顶局部脱釉，损伤
详屋顶平面屋面墙损表

蓝琉璃瓦屋面保存基本完好（Φ160～30）
局部脱釉，详屋面墙损表

外露锡背老化，破损

六样黄琉璃瓦屋面保存基本完好
局部脱釉，详屋面墙损表
钱兽高480（全高）
小兽高250（全高）

临建用房

北侧台基淤土掩埋
杂物堆放

翼眼砖破损约80%

现状东立面图

图六　现状东立面图

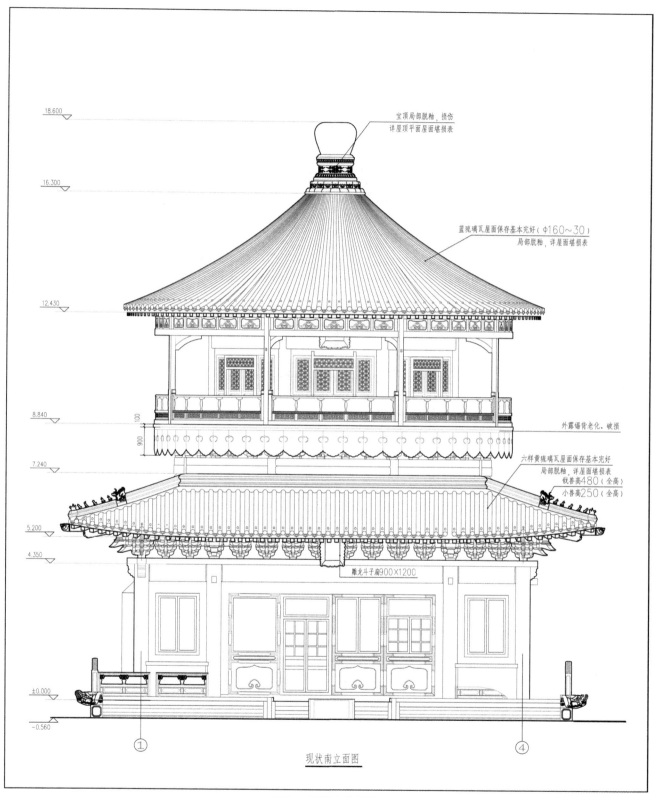

宝顶局部脱釉，损伤
详屋顶平面屋面墙损表

蓝琉璃瓦屋面保存基本完好（φ160~30）
局部脱釉，详屋面墙损表

外露锡背老化，破损

六样黄琉璃瓦屋面保存基本完好
局部脱釉，详屋面墙损表
钺兽高480（全高）
小兽高250（全高）

雕龙斗子扇900×1200

18.600
16.300
12.430
8.840
7.240
5.200
4.350
±0.000
−0.560

100
900

① ④

现状南立面图

图七　现状南立面图

91

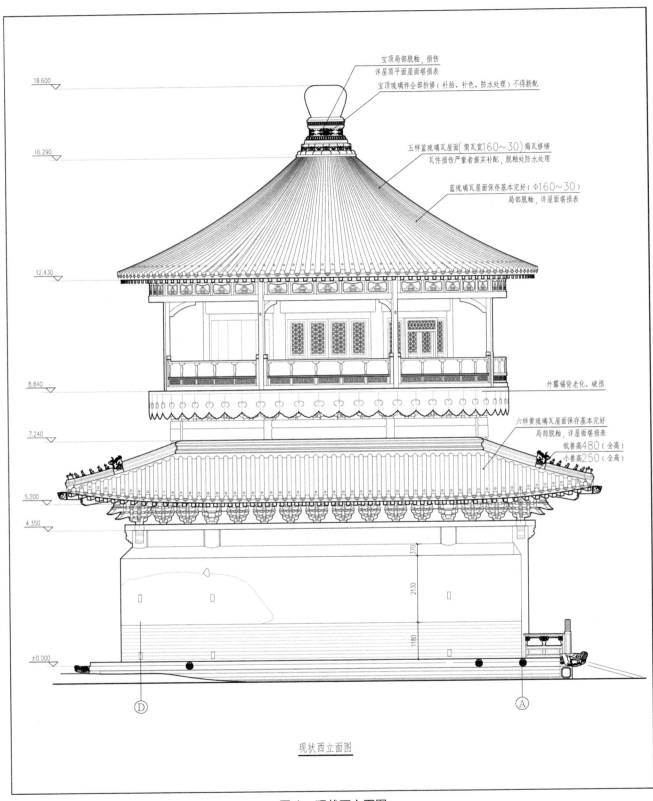

现状西立面图

图八　现状西立面图

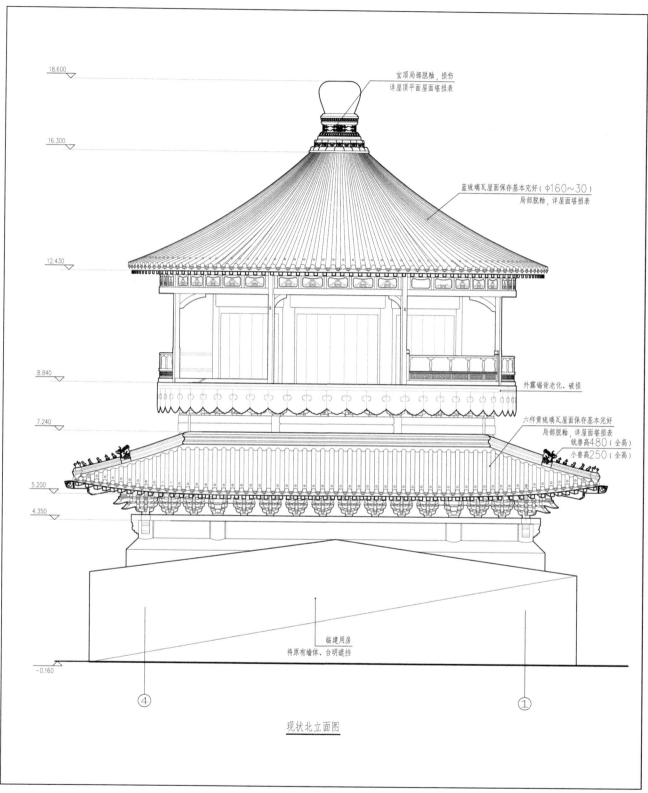

图九 现状北立面图

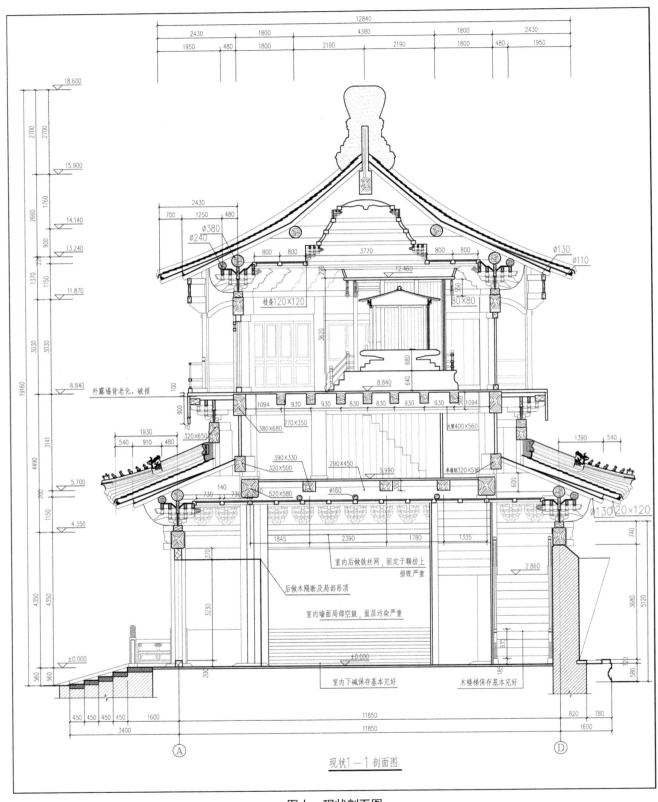

现状1—1剖面图

图十　现状剖面图

现场照片

宝顶盖

琉璃宝顶内部

宝顶损伤现状

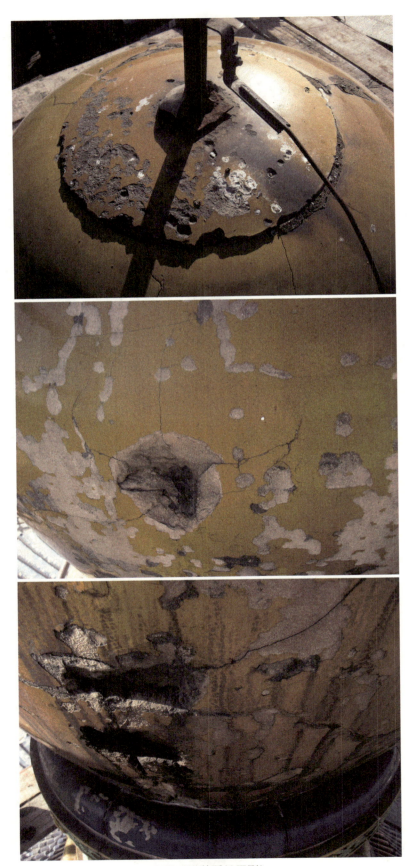

宝顶（脱釉酥粉开裂）

宝顶（脱釉酥粉开裂）

宝顶（脱釉风化酥粉开裂、胎体损伤）

二层宝顶琉璃砖施工前现状

二层宝顶琉璃砖莲花瓣施工前现状

二层宝顶琉璃砖束腰裂纹现状施工前现状

二层蓝琉璃瓦现状（脱釉开裂、局部损伤）

二层宝顶琉璃砖须弥座（脱釉开裂、局部缺失）施工前现状

修缮前首层瓦面

修缮前首层瓦面

二层灰背现状

3. 墙体、台基等砖石构件残损及病害情况

乾元阁墙体保存基本完好，但有部分损伤。例如，局部砖体出现的风化、酥碱等自然损伤；后檐墙人为拆改（掏门洞一处）。

通过测量后数据分析，前檐、后檐及两山墙台基、柱顶高差最大值为3～4厘米，可以认定台基保存基本完好，未出现结构性问题。台基问题主要是院落地坪上升，湮没部分台基；台基上的部分石质望柱、栏板、排水龙头等构件缺失。

墙体现状图纸

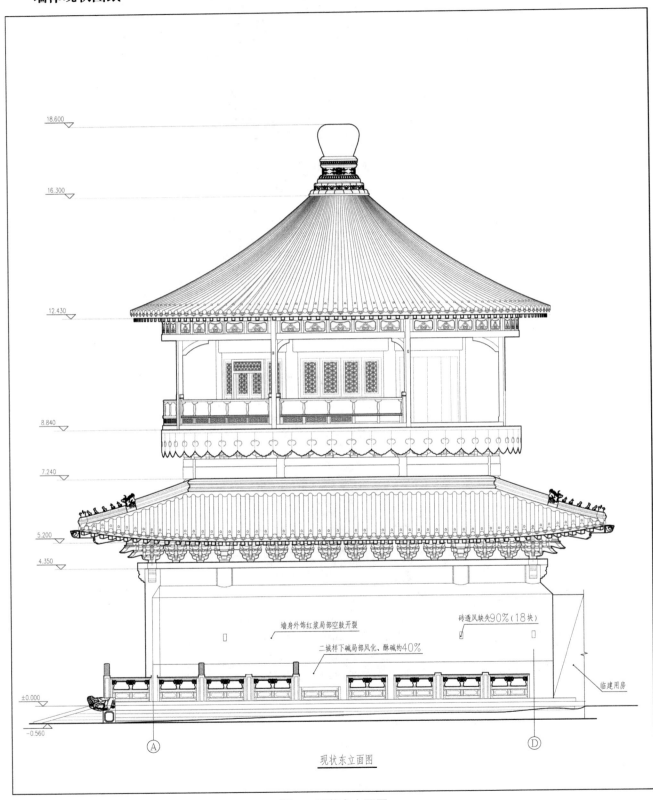

现状东立面图

图一　现状东立面图

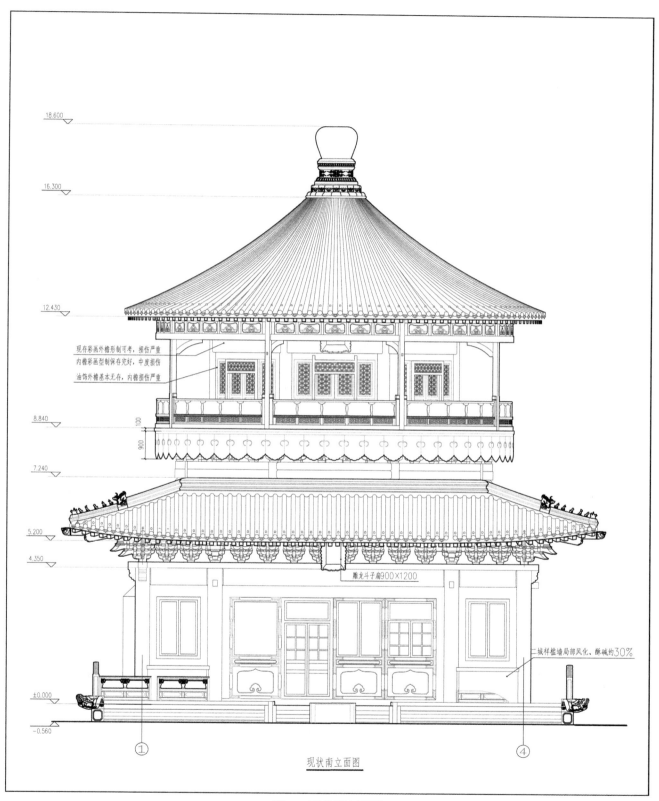

现状南立面图

图二　现状南立面图

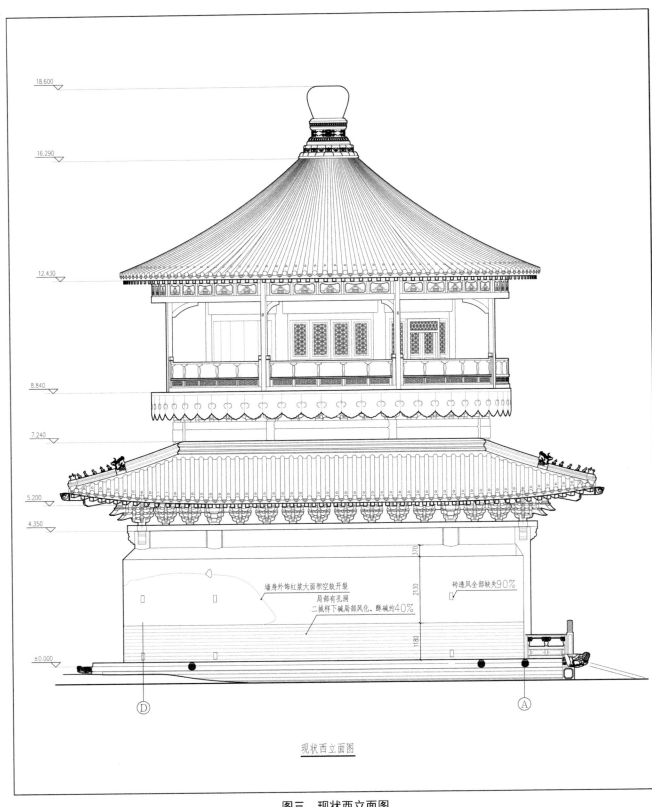

现状西立面图

图三　现状西立面图

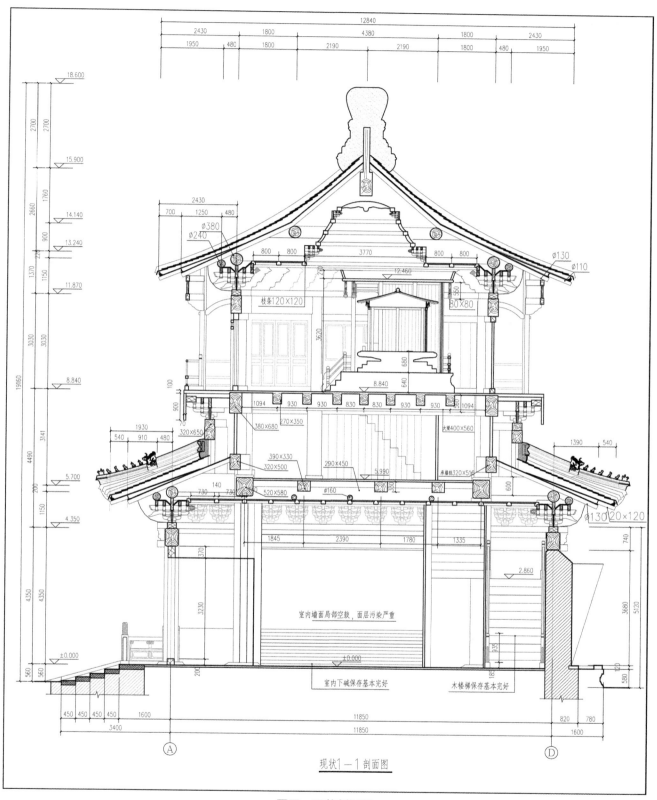

现状1—1剖面图

图四　现状剖面图

台基现状图纸

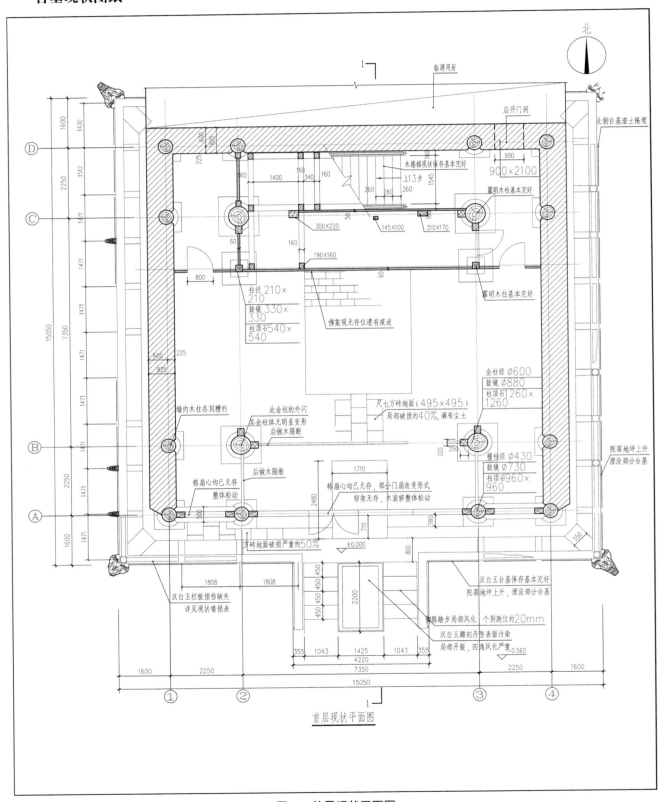

图一　首层现状平面图

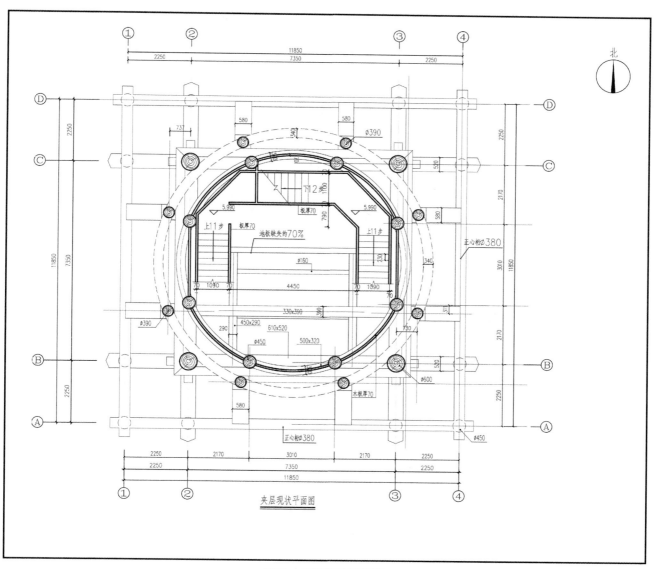

图二　夹层现状平面图

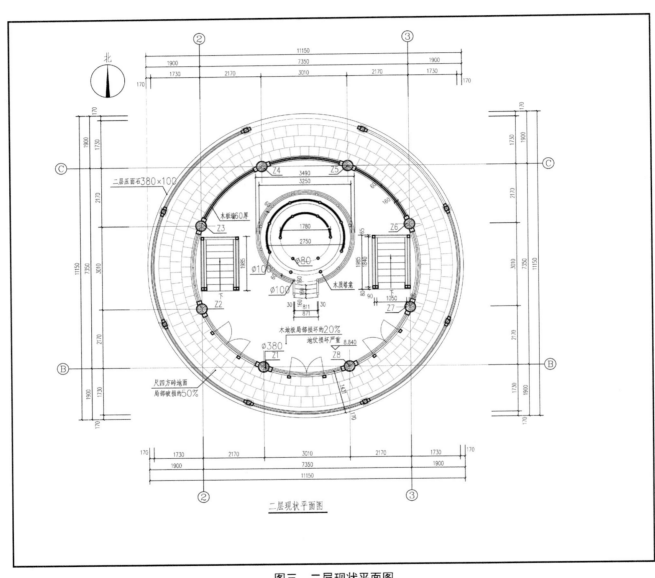

二层现状平面图

图三 二层现状平面图

汉白玉栏板望柱台基现状勘察统计表

构件位置	构件名称	现存状况
南侧	望柱	补配8个
	栏板及抱鼓石	补配6块（其中2块为斜栏板），补配抱鼓石2块
	地栿及台明	现状修整
	小龙头	补配4个
北侧	望柱	补配9个
	栏板	补配8块
	地栿及台明	局部修补地栿约15m，拆除临建，清除渣土，清理修整台明
	小龙头	补配7个
东侧	望柱	补配5个、添配3个柱头
	栏板	添配1块，修补1块面积约50%
	地栿及台明	清除渣土，清理台明，修补地栿约20%
	小龙头	补配9个
西侧	望柱	补配10个
	栏板	补配9块
	地栿及台明	清除渣土，清理台明，修补地栿约90%
	小龙头	补配6个、修补2个
转角处大龙头：东南侧及西北侧现状修整，西南侧修补约40%，东北侧添配龙头		

图四　汉白玉栏板望柱台基现状勘查统计表

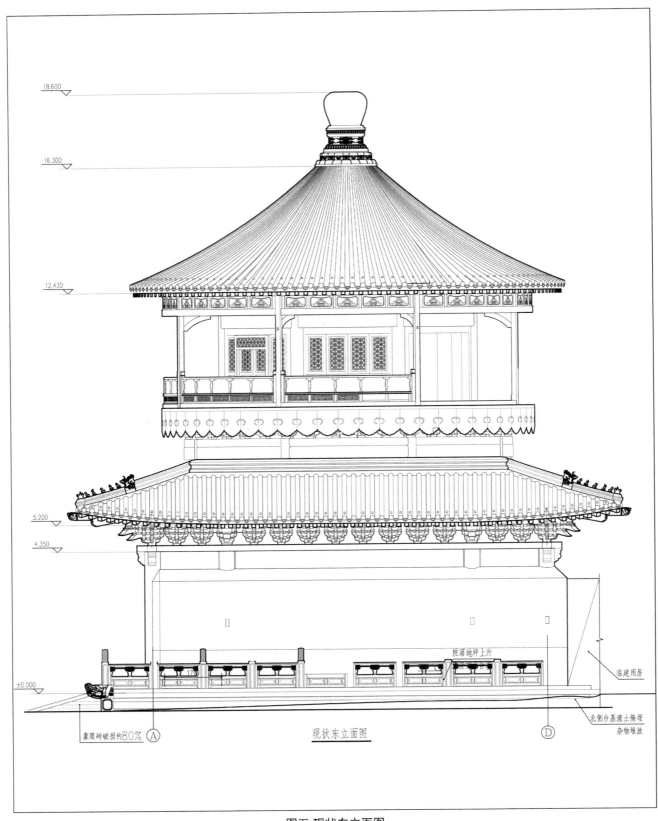

图五 现状东立面图

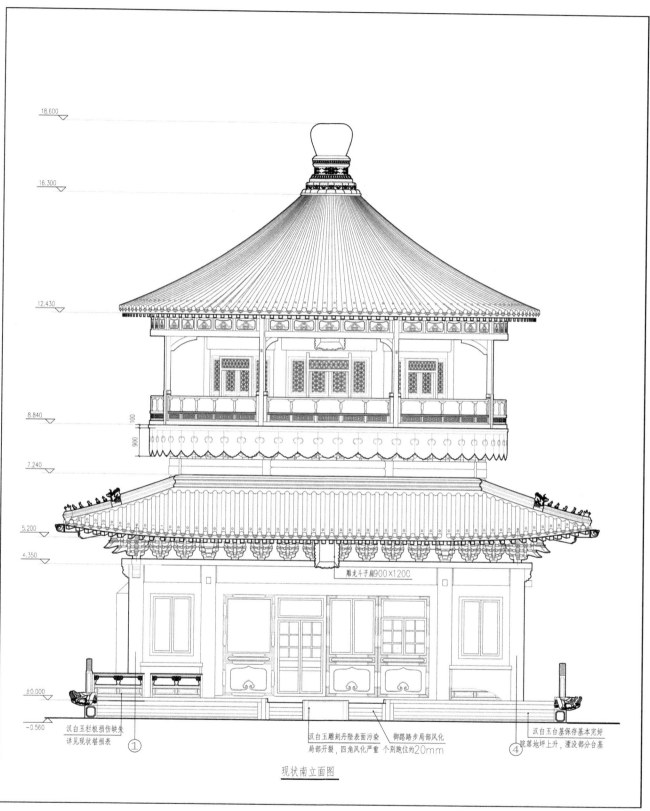

现状南立面图

图六　现状南立面图

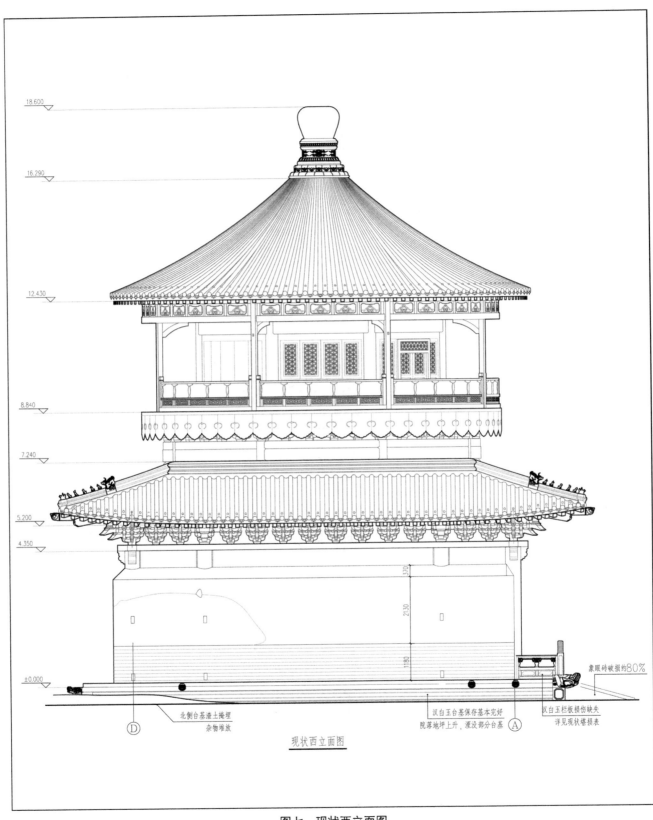

图七　现状西立面图

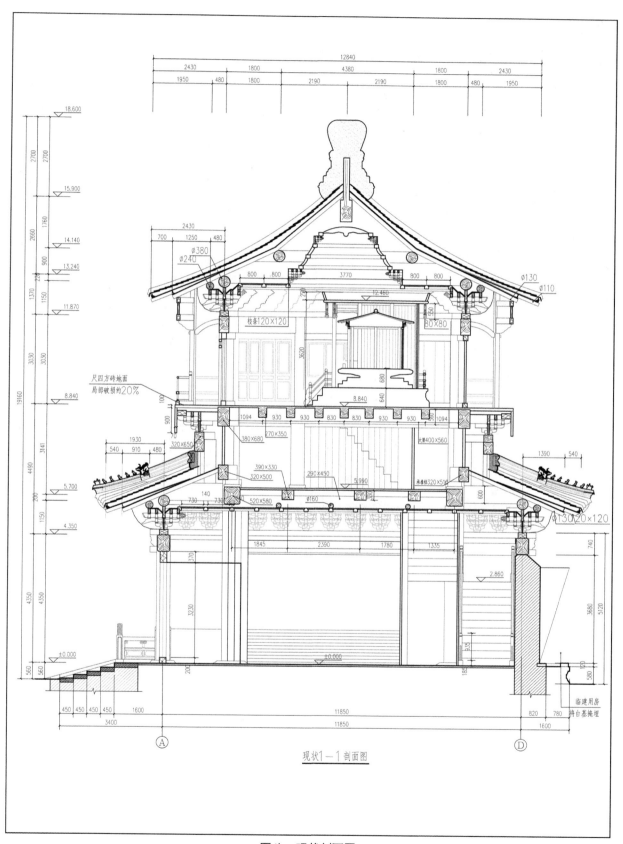

现状1—1剖面图

图八　现状剖面图

现场照片

石栏杆修缮前

4. 木装修残损及病害情况

现存装修自然损伤，存在人为的拆改。

木装修现状图纸

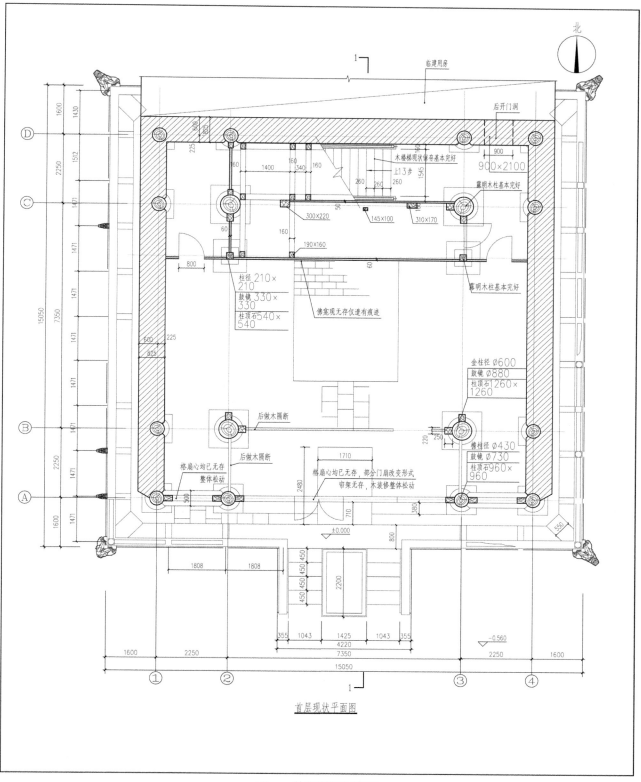

图一　首层现状平面图

外围木栏杆现状损伤统计表

栏杆编号		备注
栏杆1	基本完好	木制扶手栏杆整体普遍风化、糟朽、局部劈裂
栏杆2	扶手劈裂	
栏杆3	扶手损坏	
栏杆4	折柱损坏	
栏杆5	全部缺失	
栏杆6	地伏劈裂，其余无存	
栏杆7	花板缺失2块	
栏杆8	局部有开裂	

图二 外围木栏杆现状损伤统计表

木柱位移、损伤统计表

柱位编号	侧角	
Z1	倒侧 2cm	约0.7%
Z2	倒侧 6cm	约2.4%
Z3	倒侧 4cm	约2.4%
Z4	正侧 2cm	
Z5	正侧 2cm	
Z6	正侧 2cm	
Z7	倒侧 3cm	约1.07%
Z8	倒侧 3.5cm	约1.25%

图三 木柱位移、损伤统计表

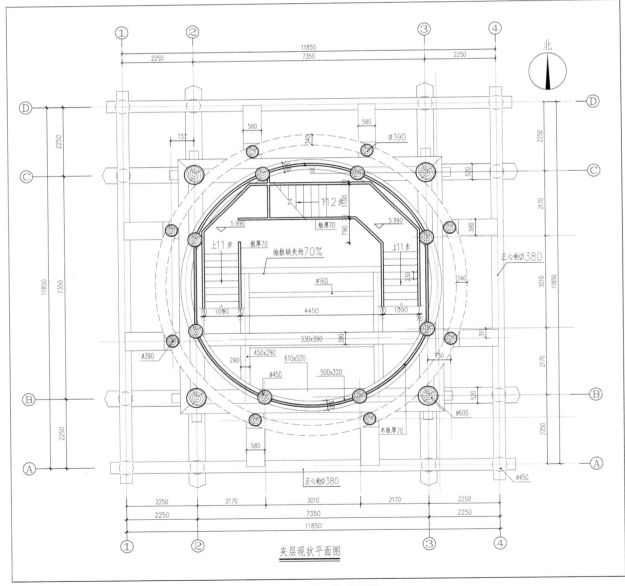

图四 夹层现状平面图

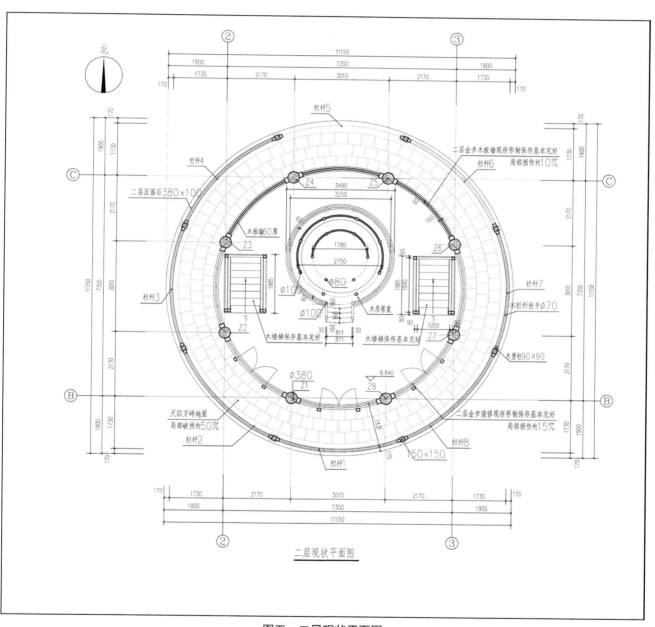

图五 二层现状平面图

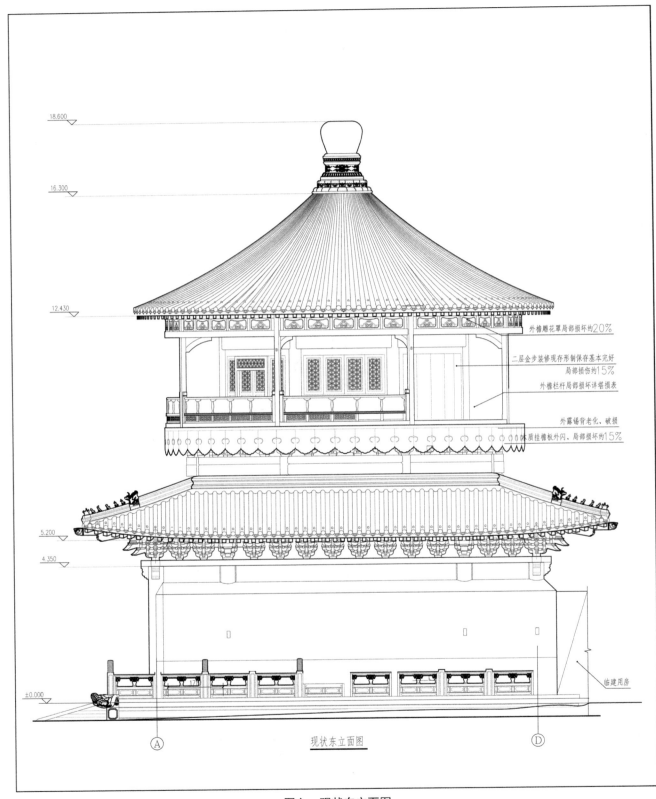

图六　现状东立面图

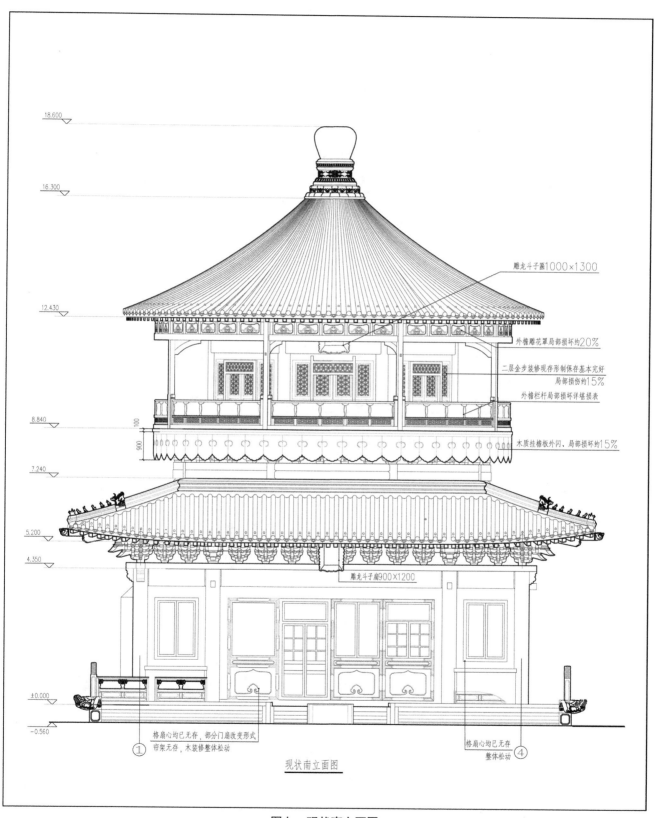

现状南立面图

图七 现状南立面图

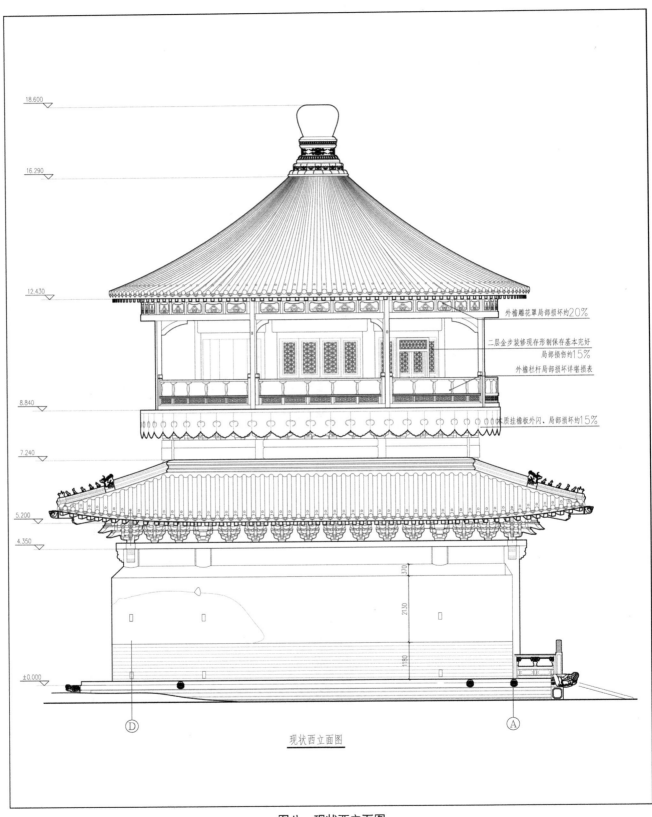

图八　现状西立面图

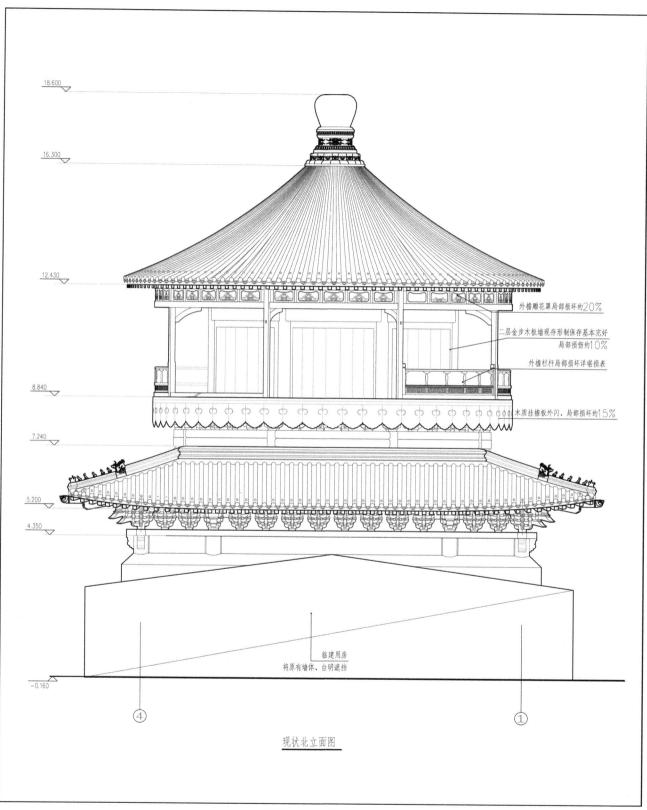

18.600

16.300

12.430

外檐雕花罩局部损坏约20%

二层金步木板墙现存形制保存基本完好
局部损伤约10%

外檐栏杆局部损坏详墙损表

8.840

木质挂檐板外闪，局部损坏约15%

7.240

5.200

4.350

临建用房
将原有墙体、台明遮挡

-0.160

④　　　　　　　　　　　　　　①

现状北立面图

图九　现状北立面图

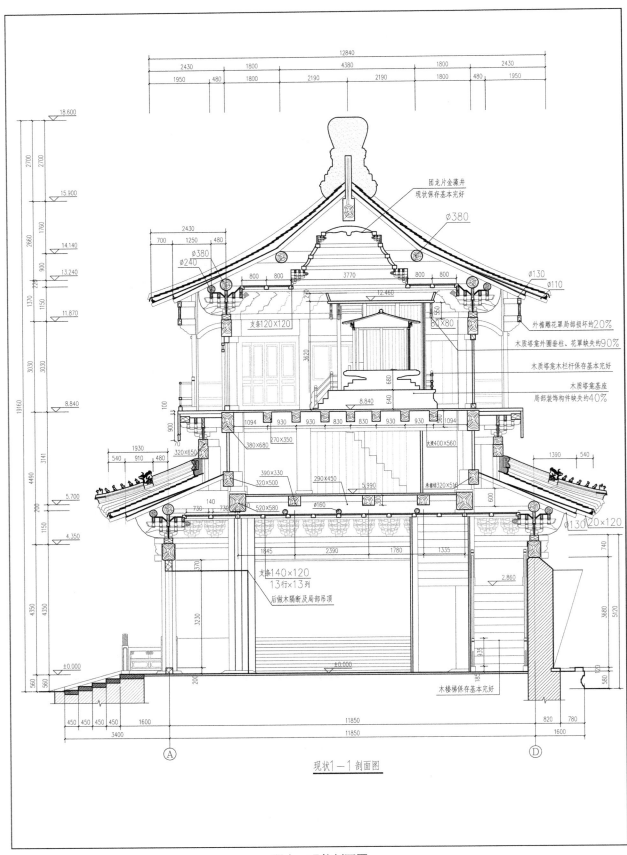

图十 现状剖面图

现场照片

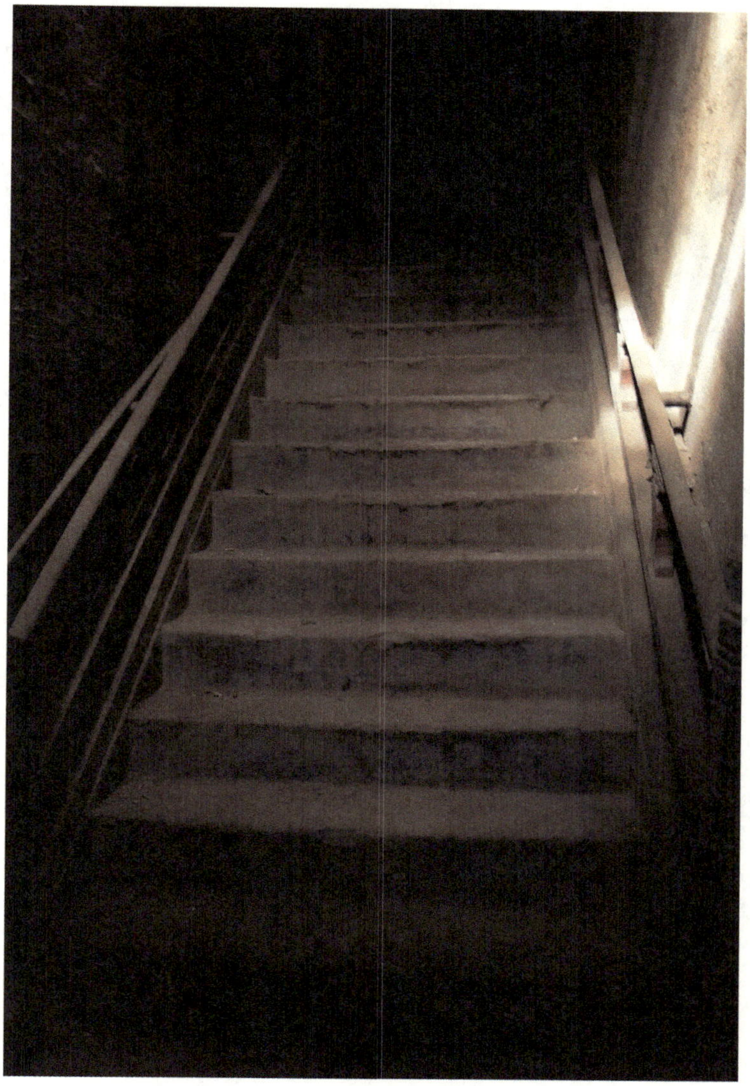

一层楼梯现状

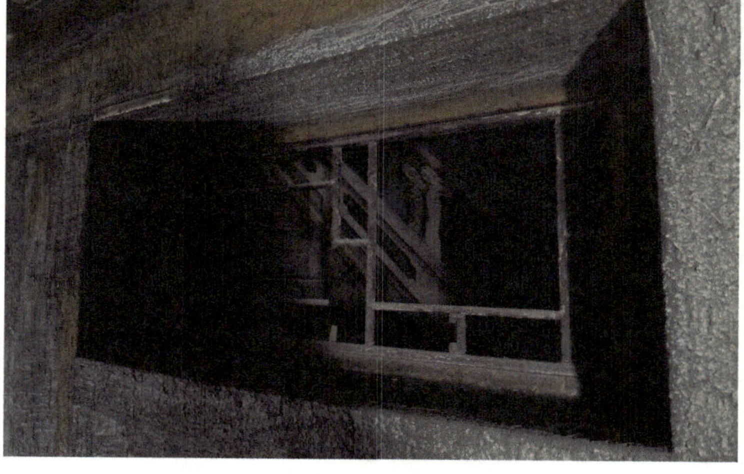

室内封板原棂条缺失

5. 油饰、彩画残损及病害情况

（1）总体情况

连檐、瓦口、椽望的地仗油饰普遍脱落、见木骨，残损较为严重。内外檐下架大木（柱、槛、框、装修、楼梯、顶板等）由于年久失修，地仗局部空鼓、开裂、脱落、见木骨，油饰普遍粉化失光。室内包金土子墙面的包金土浆大部分褪色开裂、空鼓、酥碱、脱落，已失去了保护及美观墙面的作用。

乾元阁整座建筑内檐彩画形制保存基本完好。外檐彩画的擎檐部损伤严重，但形制基本可以辨认，平座处彩画脱落无存，头停椽望损伤严重。

其余部分彩画保存基本完好。内外檐彩画均蒙尘，有部分彩画褪色现象。室内天花部分遗失。乾元阁的藻井地仗及彩画贴金，由于年久烟熏，出现咬花现象，但三色金的贴法可明显看出，赤金做底，云纹库金，龙红金，部分雕花残破缺失。

上层小斗拱贴混金，下层小斗拱用青绿刷饰勾白粉无金，整体较完整。乾元阁小花板寻仗栏杆的花活彩画做法现残损严重，不能分辨形制。

油饰、彩画现状图纸

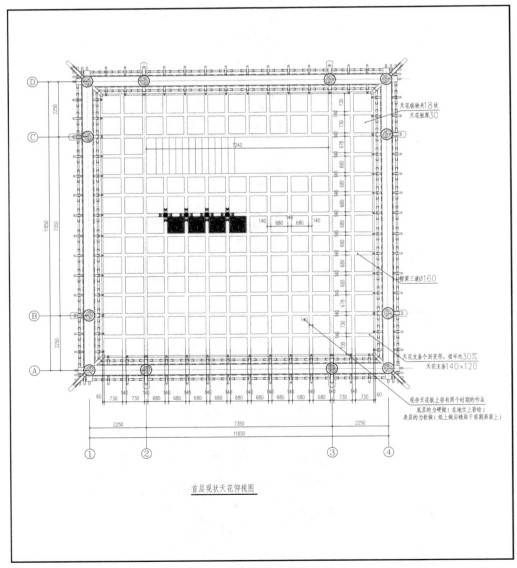

首层现状天花仰视图

图一　首层现状天花仰视图

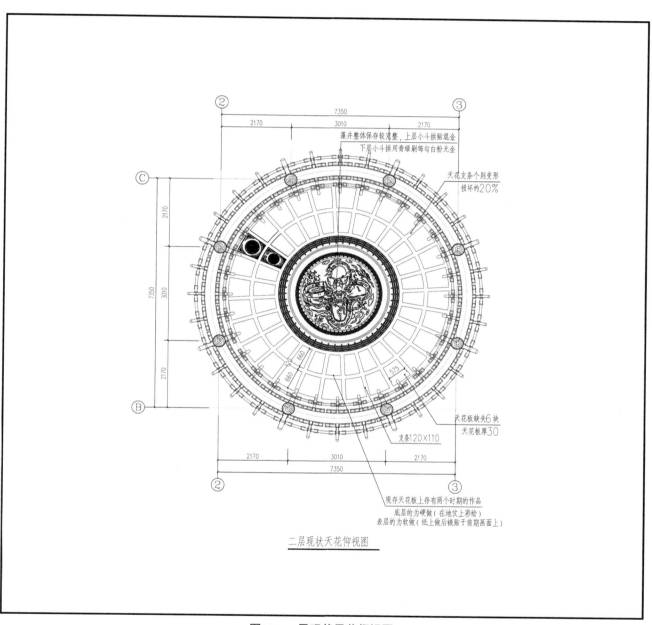

图二 二层现状天花仰视图

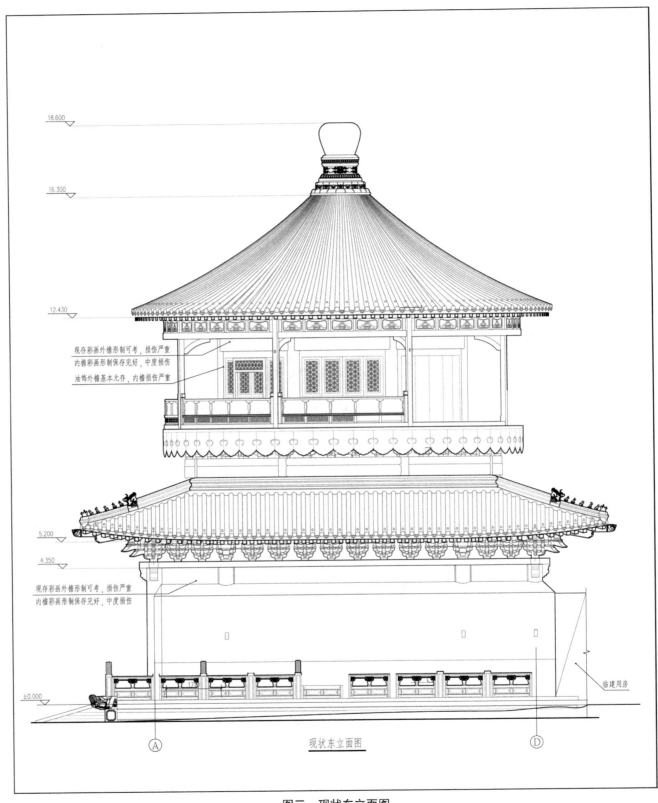

图三　现状东立面图

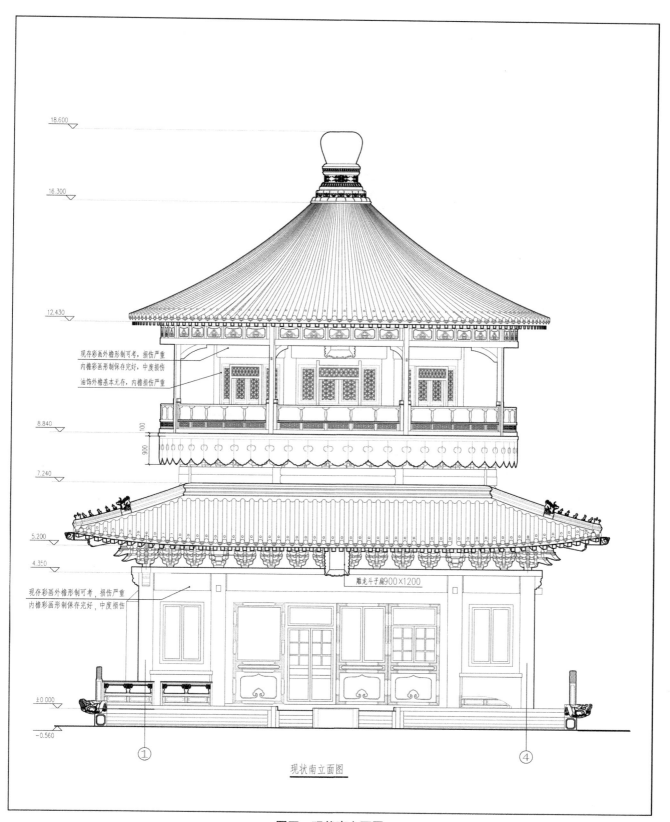

图四 现状南立面图

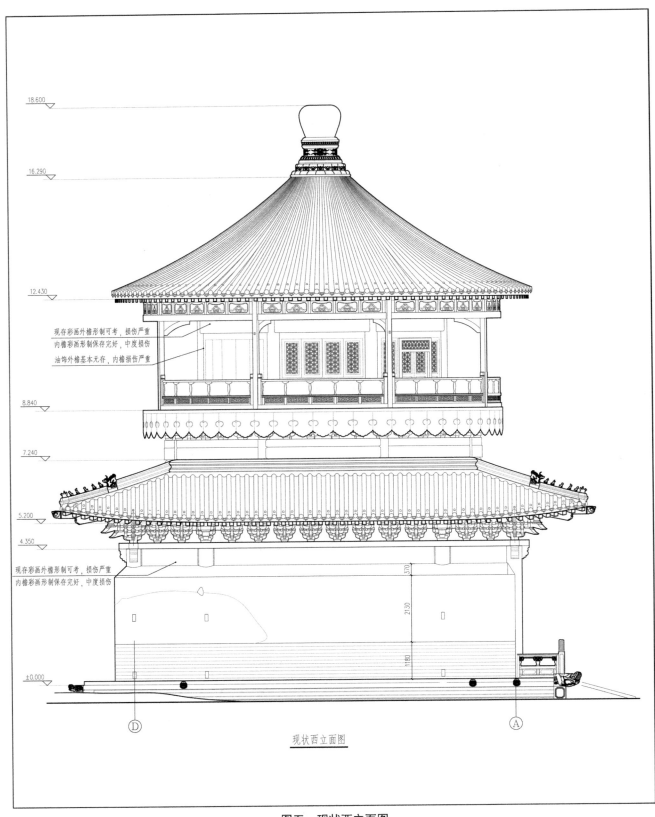

图五　现状西立面图

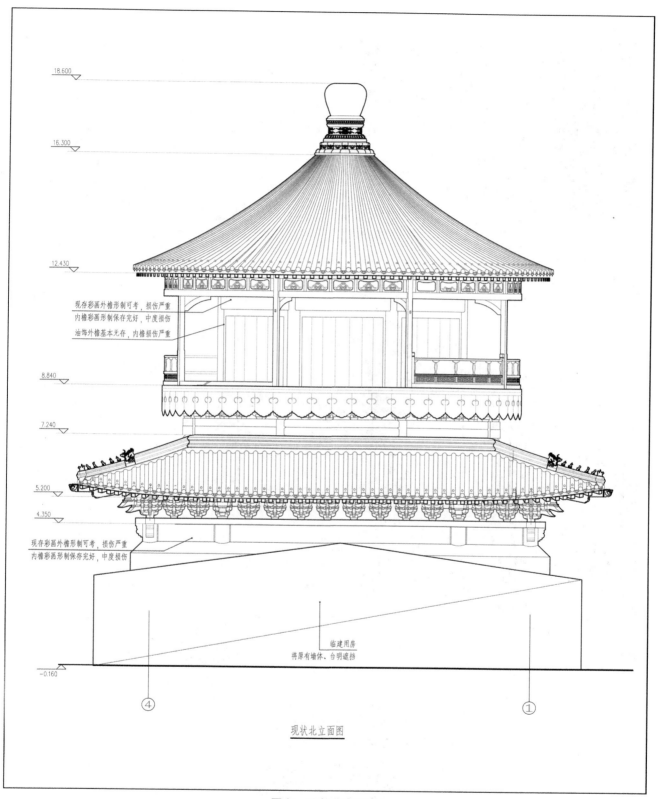

18.600

16.300

12.430

现存彩画外檐形制可考，损伤严重
内檐彩画形制保存完好，中度损伤
油饰外檐基本无存，内檐损伤严重

8.840

7.240

5.200

4.350

现存彩画外檐形制可考，损伤严重
内檐彩画形制保存完好，中度损伤

临建用房
将原有墙体、台明遮挡

-0.160

④　　　①

现状北立面图

图六　现状北立面图

现场照片

大木构架油饰地仗做法修缮前现状

（2）坤贞宇、乾元阁古建筑彩画现状形制勘察、分析

坤贞宇内檐大木现存彩画有两种。一是西山面明间内檐额枋北端、北次间内檐和穿插枋构件上现存的龙凤和玺彩画。主要特征为：①大线（皮条线、岔口线、方心线）为全弧形；②合棱处有一水平线；③找头内采用简化做法，去掉圭线光，通画金琢墨拶退西番莲做法；④凤尾为羽毛状；⑤天花内的散云、岔角云为烟琢墨拶退做法。以上特征接近于故宫的坤宁宫、坤宁门内檐彩画，为清早期遗迹。

西山面内檐明间隔墙板以北北端

西山面内檐明间隔墙板以北凤纹盒子，烟琢墨拶退岔角

西山面内檐隔墙板以北垫栱板为片金云纹

西山面内檐隔墙板以北穿插枋龙凤和玺

西山面内檐隔墙板以北平板枋片金凤、彩云

西山面内檐隔墙板以北柱头为彩云盒子、烟琢墨拶退岔角

西山面内檐隔墙板以北坐龙天花

西山面内檐隔墙板以北坐龙天花、支条燕尾拶退活四合云

西山面内檐隔墙板以北坐龙天花、彩云、烟琢墨拶退岔角

二是坤贞宇内檐现隔墙板以南大部分构件上为龙和玺彩画。主要特征为：①楞线中部无水平线；②大线圭线光为弧线形，楞线、岔口线为几何形，也有大线圭线光、楞线、岔口线为弧线形；③圭线光子内为绿地灵芝，青地西番莲；④找头内龙纹为绿地升龙、青地降龙，清代中期不与底色定纹饰，较为活跃；⑤柱头盒子内的西番莲为触边状；⑥不施晕色；⑦贴金部位为二色金。

对比例证为：与大高玄殿内檐、景山的寿皇殿内檐和景山东西朵殿内檐相一致。综合分析，坤贞宇内檐彩画为清代中期遗迹，仍保留有清早期特征。

隔墙板以南西山明间内檐龙和玺

隔墙板以南西南角内檐龙和玺

隔墙板以南东山面内檐龙和玺

隔墙板以南西山面南次间内檐龙和玺

隔墙板以南穿插枋

隔墙板以北内檐龙和玺

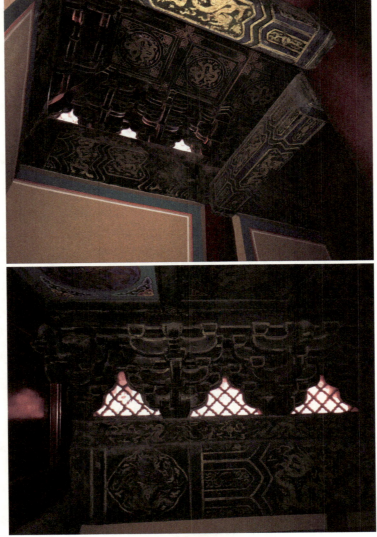

坤贞宇内檐龙和玺

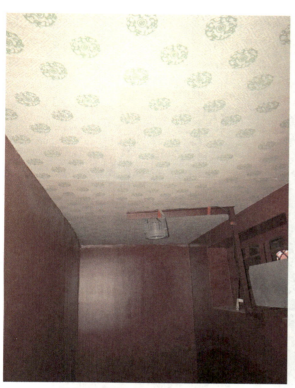

楼梯间裱糊顶棚为万字团花银花纸

楼梯为土红色

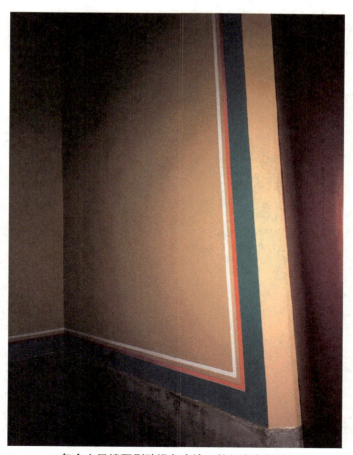

包金土子墙面刷砂绿色大边，拉红白色粉线

乾元阁内檐大木为金龙和玺彩画，与坤贞宇内檐隔墙板以南大部分构件上的龙和玺彩画基本相同。

从纹饰上看主要特征为：①大线（皮条线、岔口线、方心线）为弧线形；②盒子内西番莲为触边状；③不施晕色；④天花大边极窄，龙身为龙鳞形；⑤盒子岔角为分开状；⑥贴金处为两色金。

基于以上纹饰主要特征，总体上看乾元阁内檐彩画应为清代早期遗迹。

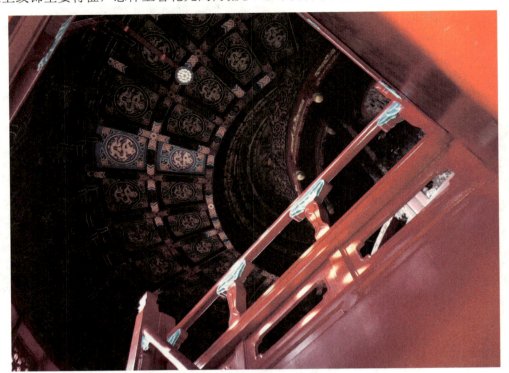

乾元阁内檐

乾元阁内檐金龙藻井

二层内檐木制神龛之位及盘龙藻井天花

乾元阁内檐坐龙天花

乾元阁内檐金龙和玺

二层内檐木制神龛之位及木地板

二层内檐盘龙藻井天花及门窗装修内侧

二层内檐木制神龛之位底座细部

二层内檐木制神龛之位花罩细部

二层内檐木制神龛之位上部分细部

坤贞宇、乾元阁外檐彩画主要特征为：①大线（皮条线、岔口线、方心线）为直线形；②龙身为竖道状；③合棱处无有水平线；④盒子内西番莲卷草不触边；⑤盒子岔角为交叉状。

基于以上纹饰，外檐现存彩画为清代晚期遗迹，但是仍保留了找头部位升绿降青、不施晕色的清代早期特征。

前外檐龙和玺

前外檐、腰檐龙和玺

后外檐龙和玺

西山面外檐、腰檐龙和玺

西山面龙和玺

东山面外檐龙和玺

乾元阁外檐龙和玺

乾元阁擎檐部内侧龙和玺

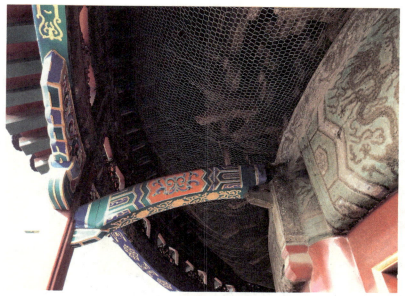

乾元阁外檐月梁龙和玺

乾元阁外檐下架

乾元阁外檐月梁底部为绿地片金西番莲卷草

（3）油饰勘察、分析

外檐连檐、瓦口、椽望：因年久失修，受外界环境、气候等因素影响严重。地仗油饰普遍脱落，见木骨，残损较为严重。须通过本次维修保护工程，对建筑本体的地仗油饰采取重新修复，消除隐患，恢复该建筑的地仗油饰原貌。

内、外檐下架大木（柱、槛、框、装修、楼梯、顶板等）：由于年久失修，残损非常严重，地仗局部空臌、开裂、脱落、见木骨，油饰普遍粉化失光。须通过本次维修保护工程，对建筑本体的地仗油饰、顶板重新修复，消除隐患，恢复该建筑的原貌。

室内包金土子墙面：包金土浆大部分褪色开裂、空臌、酥碱、脱落，属自然原因，已失去了保护及美观墙面的作用。为了更好地对墙面起到较好的保护作用，本次维修保护工程应对建筑本体的墙面进行重新修缮。

（三）损毁及病害成因分析

乾元阁大木结构损伤大致可分为三类。一是长期使用过程中对于建筑的拆改、保存不当以及年久失修所致的构件问题。这种损伤在大木构件各个不同构件中均有产生，采用传统工艺修缮即可。二是由于建筑材料时间久远，材料本身因老化、变质、腐朽、性能丧失以及原设计、原施工之固有缺陷造成的损伤。这种损伤会在同一位置、性质的构件上均出现相似的问题，只是程度不同而已。三是多次受地震等自然力作用，建筑出现不同程度的损伤。

1. 大木结构损毁及病害成因

大木结构多处部位出现的残损及病害是多重因素的共同作用产生的，结合《古建筑木结构维护与加固技术规范》（GB 50165—92）结构可靠性鉴定原则：大木结构修缮前已属于Ⅲ类建筑（承重结构中关键部位的残损点或其组合已影响结构安全和正常使用，有必要采取加固或修理措施，但尚不致立即发生危险），抗震鉴定为不合格。

2. 木装修损毁及病害成因

乾元阁木装修主要损毁原因是使用不当和人为损坏，次要原因是自然衰变和风化。

3. 宝顶、瓦件等琉璃构件损毁成因

宝顶、瓦件等琉璃构件损毁原因主要是自然风化、酸雨和琉璃胎体酥碱。

4. 墙体、台基等砖石构件损毁及病害成因

墙体大面积的掏挖洞穴，台基的栏板、望柱等石构件缺失均由人为造成；砖体出现的风化、酥碱属于自然损伤。

5. 油饰、彩画损毁及病害成因

油饰的脱落、剥皮是使用不当和自然风化双重原因共同作用造成。彩画脱落、起翘是使用不当和自然风化双重原因造成，彩画的蒙尘则主要是周围环境的尘土、细菌等造成。

第二节　大高玄殿乾元阁修缮设计思路及技术路线

▶▶ 一、修缮设计项目的立项

2010 年，故宫博物院与有关单位进行了交接，全面收回了大高玄殿建筑群的管理权。由于大高玄殿建筑群长期处于不合理利用状态，许多珍贵文物建筑受到了不同程度的损害，于是，故宫博物院决定对大高玄殿建筑群进行全面的保护性修缮。其中，乾元阁是大高玄殿建筑群的主体建筑之一，也是大高玄殿建筑群中最有特色的建筑。它上圆下方，取天圆地方之义，是北京甚至全国范围内都十分少见的建筑形式，因此对乾元阁的修缮设计是整个大高玄殿建筑群修缮工程的重中之重。

为更好地开展全面修缮工程、推进工作顺利进行，项目组在与故宫博物院进行多次紧密的协商与探讨后，决定先对乾元阁进行修缮工作。设计人员在进场勘察的基础上，统一详细测绘、拍照及勘损记录后，提出了此次设计方案。

初期进行工程测绘和残损勘察时，工程范围内还不具备进行彻底清理的条件，因而对若干损伤部位或易损伤部位不能进行揭露性检查。在现有条件下通过局部的探查和较全面的踏勘测量之后，设计人员能够清楚地了解工程范围、主要损伤和病害情况；对造成建筑损毁的因素基本能够归纳分析清楚，得到初步结论；能够对于各种隐患和建筑的发展状态作出较准确的判断，能够提出较为全面详细的保护修缮工程设计。但是，待工程开始后具备全面彻底清理条件时，尚需根据后来的具体情况及勘察所得，进一步深化、修改设计。

经过专业人员的现场勘查后发现，乾元阁木建筑年久失修，部分糟朽脱榫；彩画褪色蒙尘；望柱、栏板、排水龙头等石构件缺失伤损；电路未按古建筑消防要求布线。一些古建筑被用作维修车间，内部堆放大量杂物、易燃品，烟感、避雷等消防设施不完备，已极大威胁到文物建筑的本体安全。并且院内现存多处私搭乱建建筑，严重影响了古建筑的和谐环境，与整体文物景观极不协调。

为了保护历史文物的安全，结合上述现场勘查结果，北京市文物建筑保护设计所提出对文物本体进行排解危险和隐患、加装可靠安全设防、进行局部修复或复原、进行必要的整治等方面的工作，以保持建筑完整，其主旨是要恢复大高玄殿乾元阁往日布局严谨、气势雄伟、精巧细致的历史风貌。

▶▶ 二、价值分析及修缮设计指导原则

（一）价值分析

首先，乾元阁天圆地方的建筑形制是中国古代建筑以建筑外形表达建筑意义的代表作。其次，其明代中期的构架在北京较为少见。再次，其建筑材质和建筑工艺十分珍贵。最后，其建筑上附着的历史信息非常丰富。

大高玄殿保存至今，对我们研究明清两代皇家文化、宗教信仰及建筑艺术起着非常重要的作用。它作为典型的皇家御用道观，是封建君主笼络人心、稳固政权、进行封建统治的工具。同时，由于1900年法国军队在此扎营达10个月之久，大高玄殿也是近代帝国主义侵华的历史见证。大高玄殿的建筑遭受严重破坏，殿内的神像、供祭器、装修陈设等，亦多遗失。这座劫后余生的精美古建筑，也是进行爱国主义教育的典型教材。

（二）修缮设计的主旨及指导原则

2010年9月，受故宫博物院委托，北京市文物建筑保护设计所承担了大高玄殿乾元阁修缮工程设计。由于考虑到上述乾元阁建筑形制特殊、历史文化内涵丰富、建筑等级高等因素，北京市古代建筑研究所成立了具有丰富古建筑修缮经验的项目组，进行建筑历史追溯、现场情况勘查、修缮方案设计等工作。

在此基础上，项目组提出的设计主旨为：文物建筑主体排险与风貌复原。

文物修缮是以工程技术为手段，对文物本体进行排解危险和隐患、加装可靠安全设防、进行局部修复或复原、进行必要的整治保持完整等方面的工作。根据勘测情况，由于该文物建筑整体结构已经不稳定，因此本次修缮的性质定位为排险、保护修缮和局部风貌复原，以保证这处文物建筑得以长久保存。

乾元阁是全国重点文物保护单位的本体组成部分，其抢险和保护修缮工作要依法进行，严格遵循《中华人民共和国文物保护法》第二十一条"对不可移动文物进行修缮、保养、迁移，必须遵守不改变文物原状的原则"和《文物保护工程管理办法》有关规定，坚持"保护为主、抢救第一、合理利用、加强管理"的文物工作方针，力求最大程度保留乾元阁的价值信息。在此基础上，本设计综合考虑了技术的可实施性，将本修缮设计的指导思想确定为严格保护历史信息的真实性，遵循真实性、可读性、可逆性的原则。

1. 保护历史信息的真实性

文物修复工作须在"不改变文物原状"的原则指导下进行，即严格控制新配构件比例，不以《古建筑木结构维护与加固技术规范》（GB 50165—92）中修配界定的标准、修补方式的选择为唯一准则，而是最大程度地保留原有构件，减小原有构件的原制更换比例，并明确构件修补技术方法，以求尽可能使历史信息得以延续和传达，即保证若可以通过结构补强解决的构件绝不更换。修缮中的补配构件，应做到使用原形制、原材料、原工艺的"三原"修复原则，力争最大程度上保持建筑的时代特征和真实性。

2. 尊重和剔除的原则

在修缮设计工作中，设计人员也对乾元阁保存下来的一些文物进行了分析。首先，要"尊重"那些自明代初建以来历次修缮和添建的历史信息，对于有价值的历史叠加物和合理的加固构件要予以保留，使乾元阁能够让人们从中读取到各个时代留下的痕迹。其次，对近年来干扰文物建筑原貌、具有破坏性的不和谐添加物，应予以"剔除"，使乾元阁能够像历史上一样表达其建筑含义。

3. 可逆性原则

乾元阁修缮中的补、配材料一律使用传统材料，按原有的施工方法进行施工。这样本次修缮加固便能在后人开发出更好的处置手段和方法的时候给后人留下进行修缮的余地。

第三章 大高玄殿乾元阁修缮方案的制定

第一节 大高玄殿乾元阁修缮设计的主要依据、定位及设计技术路线

▶ 一、修缮设计的主要依据

（一）法规依据

《中华人民共和国文物保护法》（2002 年）

《中华人民共和国文物保护法实施条例》（2003 年）

（二）其他法理依据

《中国文物古迹保护准则》（2000 年）

《国际古迹保护与修复宪章》（1964 年）

《关于真实性的奈良文件》（1994 年）

《关于历史性纪念物修复的雅典宪章》（1931 年）

（三）技术根据

历史资料、照片的收集及走访知情者。

现场勘损、实测数据资料。

▶ 二、修缮设计的定位及设计技术路线

工程性质定位为排险、保护修缮，是以工程技术为手段，对文物本体进行排解危险和隐患、加装可靠安全设防、进行局部修复或复原、进行必要的整治保持完整等方面的工作以保证这处文物建筑得以长久保存。

第二节 大高玄殿乾元阁的修缮方法和措施

乾元阁的结构稳定性已经出现较严重问题，因此乾元阁总的修缮措施和方法应该是在以传统工艺修缮对待的基础上，针对结构性损伤采取必要的补强；在保护文物原真性的前提下，尽量解决原设计及原施工之中的缺陷，从而减小重复出现相同损伤的概率，延后再次出现相同损伤的时间。其具体方法和措施如下。

一、大木结构的保护修缮方法和措施

（一）损伤构件的修、配

角梁后尾榫卯糟断处进行铁活加固，剔除糟朽部位并用环氧树脂硬木补整。

柱、梁等受力构件出现变形、开裂，榫卯出现损伤、徐变等，对其采用传统工艺进行剔糟、挖补、环氧树脂硬木补整、开裂处打箍等方法处理。

一层西北角埋墙檐柱的柱根糟朽，采用传统工艺墩接的方法对其进行修补。埋墙柱据实茬补、打箍已糟朽柱根。

乾元阁宝顶扶脊木与橡头糟朽处进行传统工艺修缮，剔糟至整。

屋面卸荷后，橡、望糟朽部分尽可能修补，尽可能减少更换；雷公柱无法修补，决定更换。

二层斗拱整攒整修，不得拆修。

归安走闪二层金柱，大木结构打牮、拔正，柱头平板枋、柱身承重枋、柱身下侧的承橡枋榫卯处施以钢带连接。

归安二层楼板层大木结构，平座处斗拱整攒整修，不得拆修；归安斗拱后应将斗拱后尾与相邻承重枋进行铁活加固，加强约束，防止修缮后再次外倾。

角科斗拱整攒整修，不得拆修；角科斗拱下安放钢板均压，并在平板枋的搭角上加抹角枕垫。

东、西、南、北共四间大跨度檩下斗拱外倾，考虑于斗拱后尾处加施木枋，与趴檐步趴梁形成有效支顶，抑制斗拱再次外倾。

角梁损伤处现状修整，恢复角梁原位。大木归安中有不同程度的归位搭接不能入位，蹬脚榫处采取镶垫补安装。

（二）加施必要的结构补强措施

乾元阁一层承重梁开裂、变形，榫卯变形、下沉，其上两层柱随之下沉及偏移，导致二层大木构梁架出现走闪等问题。全面详查一层西南金柱的外闪及因其上承托二层两金柱的主梁出现的损伤。据实加固主梁后，适度打牮、拔正外闪金柱，不求原位归安。

待将瓦面揭去卸除屋面荷载后，梁顶升至原位；同时适度纠偏二层走闪的大木结构，对梁头榫卯压溃变形处，用环氧树脂硬木补严因梁木归位产生的空隙；用钢板备实因木梁归位后抱框与梁之间的空隙。

南侧大梁梁身挠度大于临界值，并出现梁底劈裂，进行必要的铁活加固补强（实施前进行了三次等比小构件铁活加固、补强实件试验室加载试验，取得实效后明确加固方案）。梁身其余损伤部位运用传统工艺进行剔糟、挖补，运用环氧树脂硬木补整，在开裂处实施打箍处理。

屋面檩间加施钢带，提高整体刚度，加强檩间整体联系。

角梁后尾榫卯糟断处进行铁活加固，东、西、北三端承重梁用抱柱钢板垫起，开裂处运用环氧树脂胶进行修复、以水平缝螺栓加固、使用 60 毫米 ×6 毫米扁钢拉接，北承重梁使用抱箍加固。

（三）加强斗拱约束力

将平座斗拱后尾与承重枋铁活加固连接，解决后尾无约束外倾的问题。一层角科斗拱大斗与其下平板枋之间加钢板，使受力均匀，解决由于木材天然纤维不均匀而可能出现的压缩变形问题。一层挑檐檩檩中下沉，致使其下平身科斗拱外倾（平身科斗拱内槽无约束），采用仅在内槽拱枋上加一木枋，将其与趴梁间隙备实的方法。

（四）木构架归安、复位

二层全面归安，打牮、拔正大木结构。

一层恢复四角出檐原制（对大木架的打牮、拔正应适可而止，不必一定归安至原位）。

大木结构部分图纸

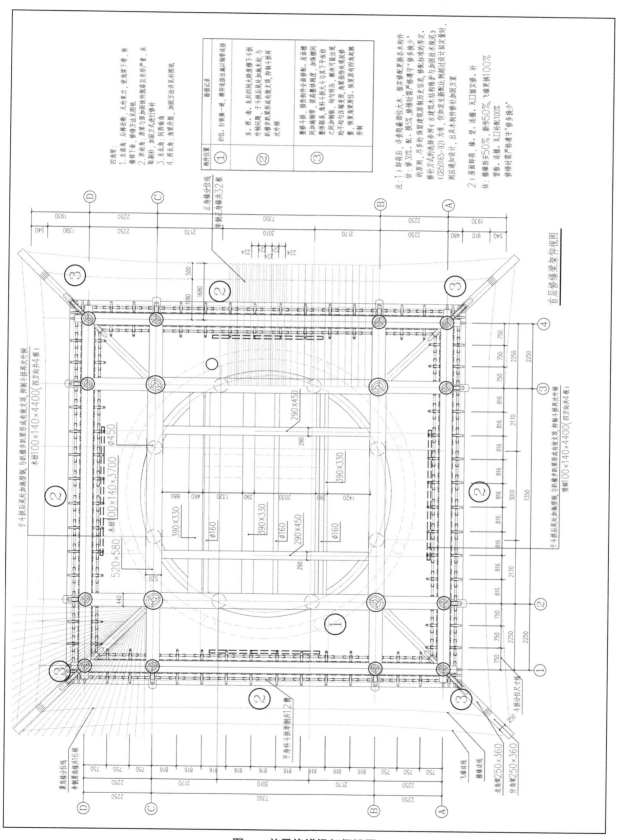

图一 首层修缮梁架仰视图

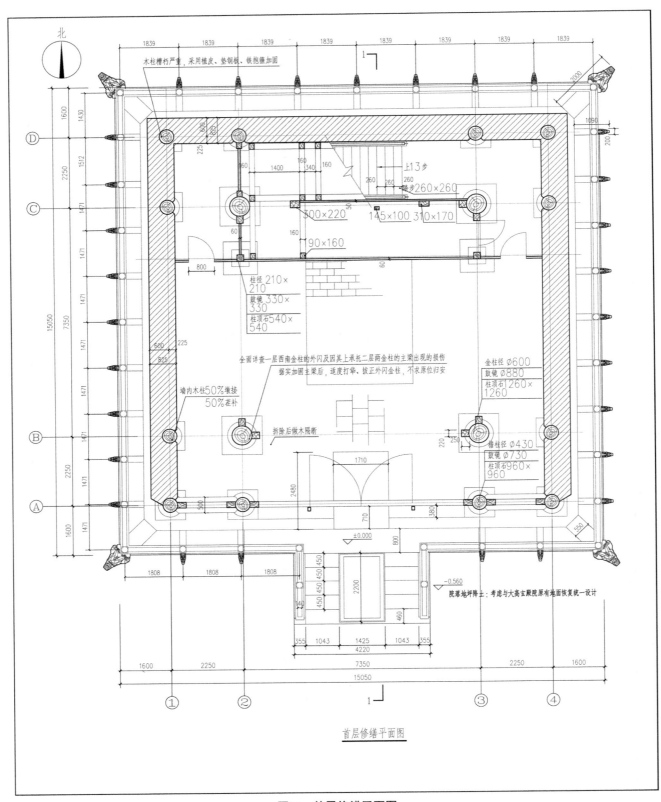

图二　首层修缮平面图

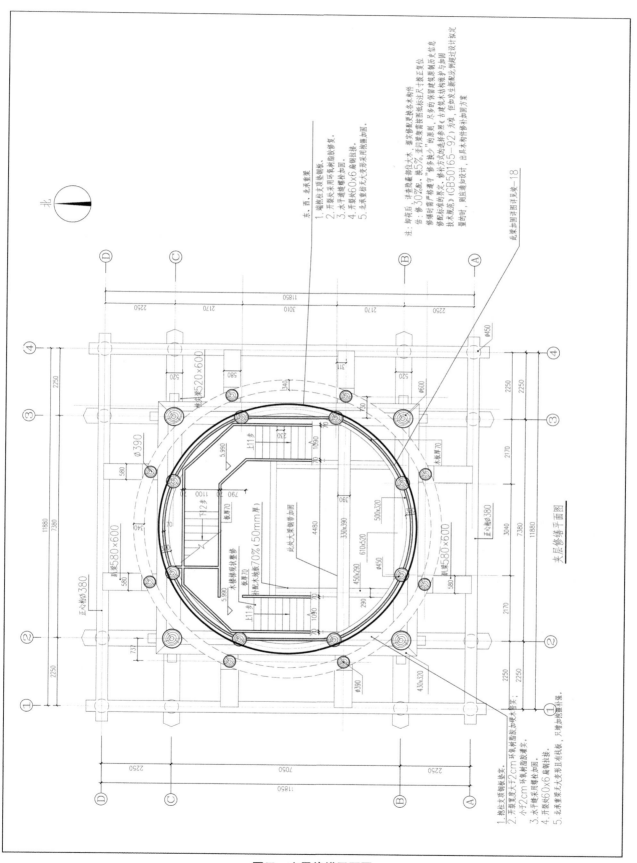

图三　夹层修缮平面图

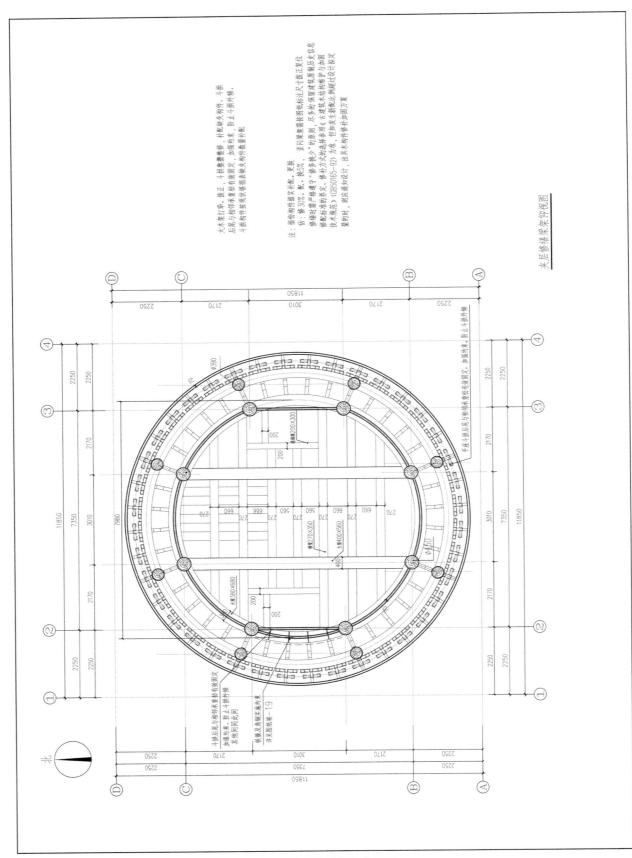

图四 夹层修缮梁架仰视图

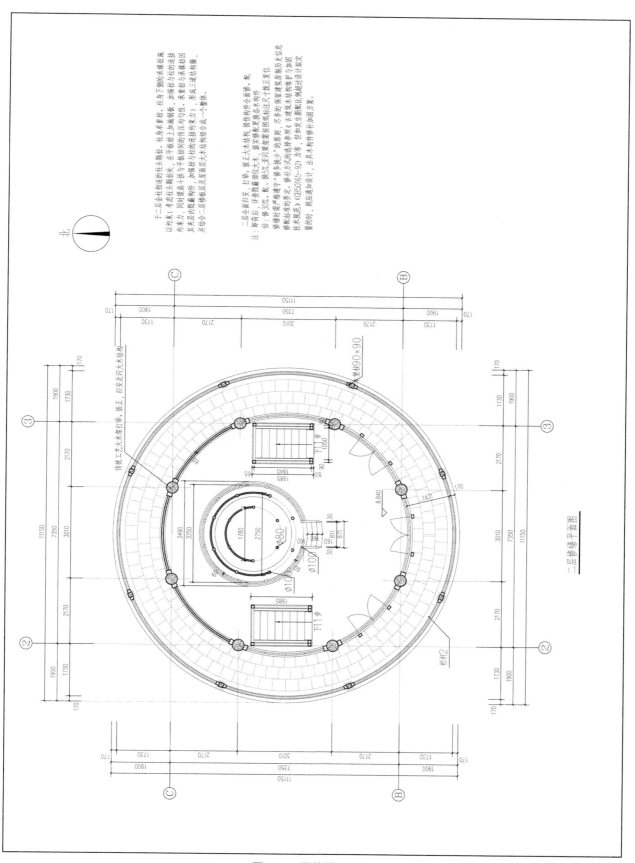

于一层金柱相连的柱头额枋。在承椽枋、柱身下侧的承椽枋处，以构件（考柱头额枋处，在平板枋上搁搁钢板，加强枋与柱的连接，承重的分与承椽枋因其长期时常磨损，加强分与柱的连接均匀性。同时提高与平板枋间的连接均匀性，并给合一层楼板层及显面层大木结构结合成一个整体。形成二连结构糟。

二层金面归安，打牮、拔正大木结构，吊枕构件全面修。更配一层楼板。详查隐蔽部位大木，普查修配，更换各构件，配修缮时需严格遵守"修多换少"的原则，尽多的保留原始的信息技术规定《GB50165-92》为准，但如发生新配修补加固置明时，同应遵照设计。尽多的保留木结构墙内历历加固要位修配标准按以古建筑木结构比例加固设计拟定。出具大构件修补加固方案。

注：胸背前后，详查隐藏部位大木，普查修配更换各构件，配古：修30%，配换5%至内换架更配正复位

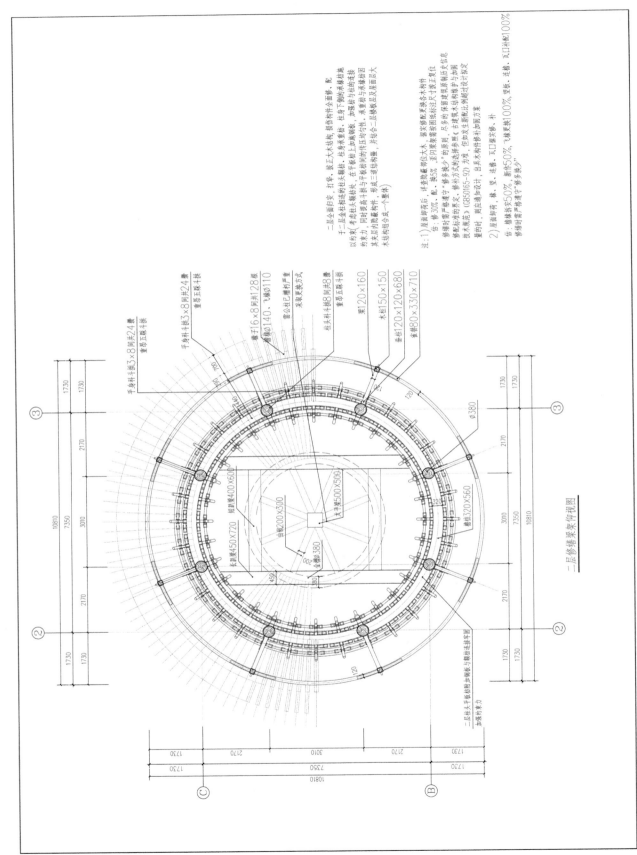

图六 二层修缮梁架仰视图

首层大梁沉降尺寸　　　　　　单位：mm

名　称	首层东大梁	首层南大梁	首层西大梁	首层北大梁
施工前首层大梁变形测量	220mm	215mm	153mm	275mm
施工后首层大梁沉降测量	208mm	175mm	152mm	275mm
屋面加荷载后尺寸	218mm	213mm	152mm	275mm

图七　首层大梁沉降变形尺寸

二层柱的打牮拨正前、后测量现状用表格方式：

二层柱的打牮拨正前、后测量现状用表格方式：

二层檐柱归位拨正尺寸表　　　　　单位：mm

名称	垂直方向		水平方向	
	走闪尺寸	修缮后	走闪尺寸	修缮后
1号柱	20	8	−50	30
2号柱	24	13	16	−5
3号柱	20	20	−30	基点
4号柱	30	22	基点	−15
5号柱	20	9	−21	5
6号柱	15	18	−10	30
7号柱	84	30	−19	5
8号柱	40	1	−25	45

图八　二层檐柱归位拨正尺寸表

修缮东立面图

图九　修缮东立面图

恢复四角起翘原则

角科斗栱大斗下加设钢板
改善平板枋出现不均匀压缩变形
斗栱整攒整修不得拆修

贞宇

修缮南立面图

名称	槽升子	柱头	平升	角科
补配数	37个	8个	32个	塑钢垫板4个

图十　修缮南立面图

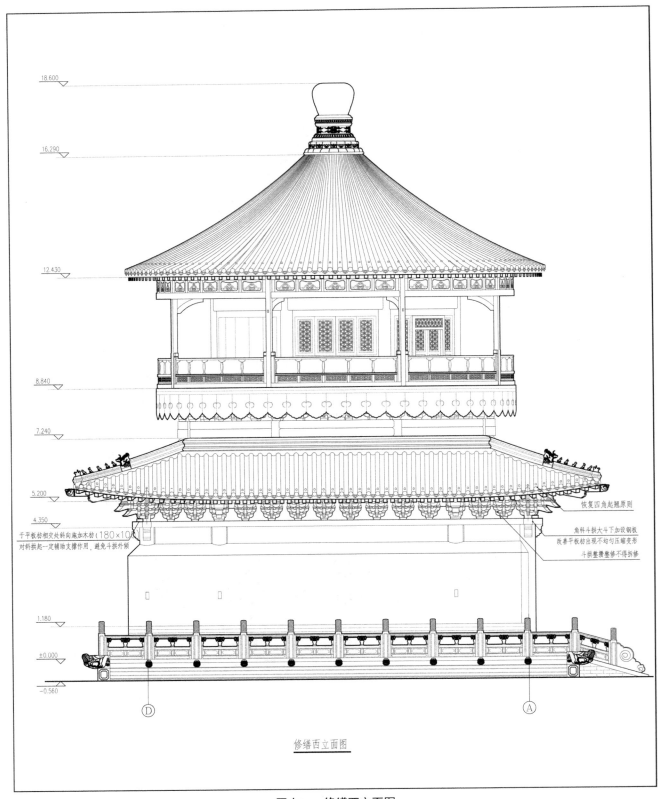

图十一　修缮西立面图

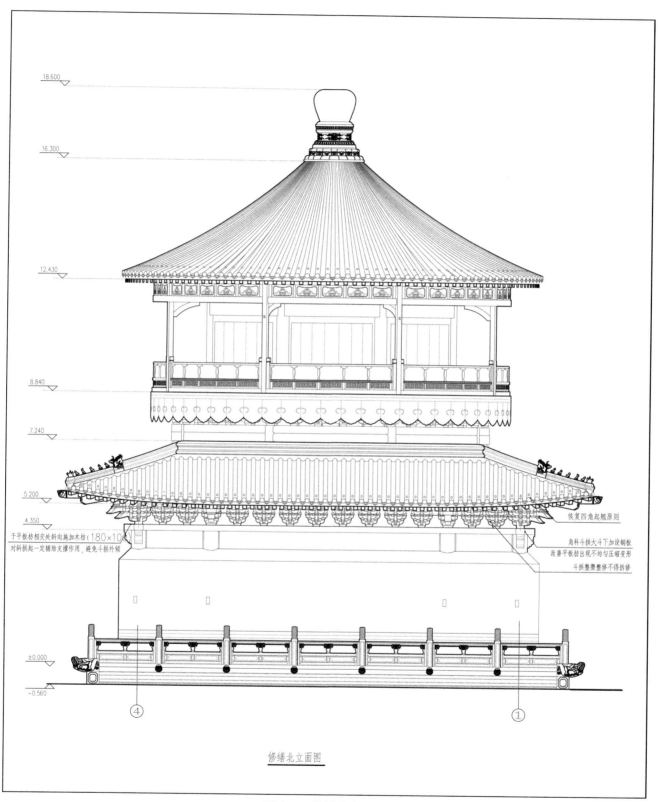

18.600

16.300

12.430

8.840

7.240

5.200

4.350

于平板枋相交处斜向施加木枋(180×100)
对斜拱起一定辅助支撑作用,避免斗拱外倾

恢复四角起翘原则

角科斗拱大斗下加设钢板
改善平板枋出现不均匀压缩变形
斗拱整攒整修不得拆修

±0.000

−0.560

④ ①

修缮北立面图

图十二 修缮北立面图

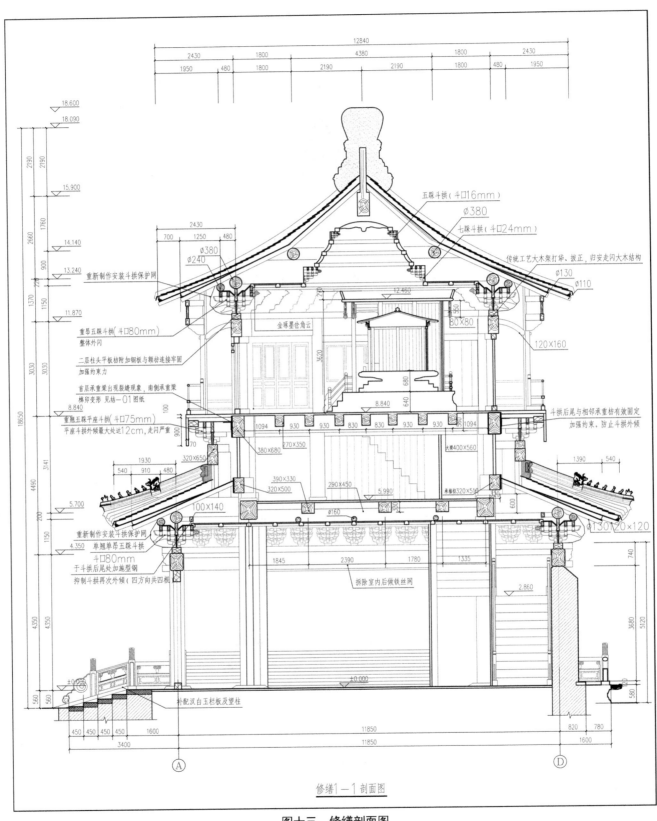

修缮1—1剖面图

图十三　修缮剖面图

修缮过程照片

南梁修缮中采用临时支顶措施

承重梁支顶回位过程

支顶回位后西部梁端与抱框出现空隙

主梁支顶加固归位过程

二层南承重梁等比缩小模拟加固试验构件（施加预应力花篮螺栓）

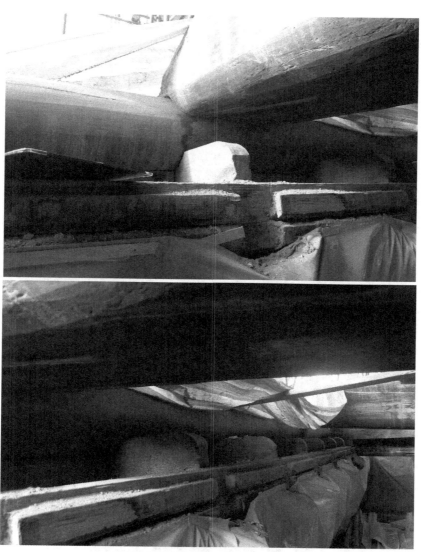

二层趴梁后尾斗拱及通支条外翻施工前现状

角梁铁活加固

角梁修缮过程

角梁后尾修缮过程

加固梁头

角梁梁头加固修补后归安

椽子、角梁修补后归安

老角梁

传统工艺补配缺失小斗

二层平座斗拱后尾拔榫处加固

二层平座处斗拱整攒修补衬垫细部

二层平座斗拱外檐整攒修补过程（补配斗耳，空隙处衬垫备实）

雷公柱原制补配过程

帽梁与支条交叉绑扎固定施工

埋墙柱柱身查补现状

西北角柱根修补

埋墙柱墙体原拆原砌时与埋墙柱的构造关系

埋墙柱柱身涂刷防腐剂

二层花罩柱

二、木装修的修缮方法和措施

装修中损伤明确，并现存大部分原形制装修，计划采用传统工艺，全部补配损坏和缺失部分，复原木装修。

所有装修铜活保存完好的部分尽量保存现状，只进行表面清污，损毁者原制补配，表面做旧处理。

木装修部分图纸

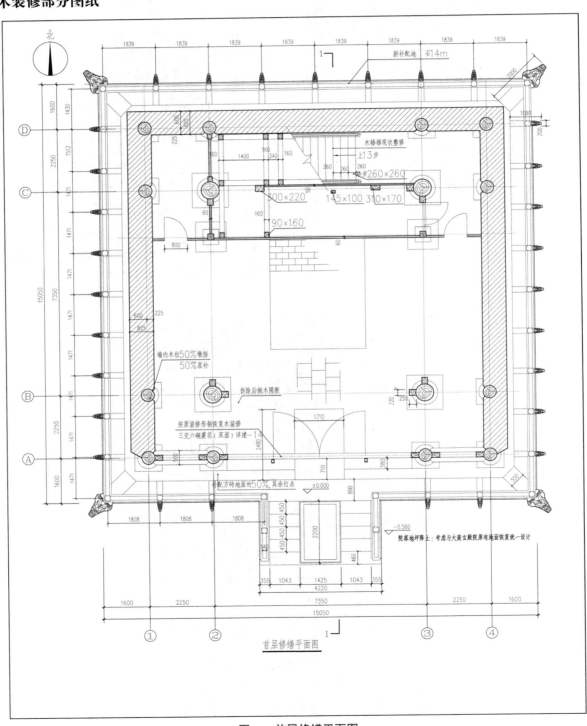

图一　首层修缮平面图

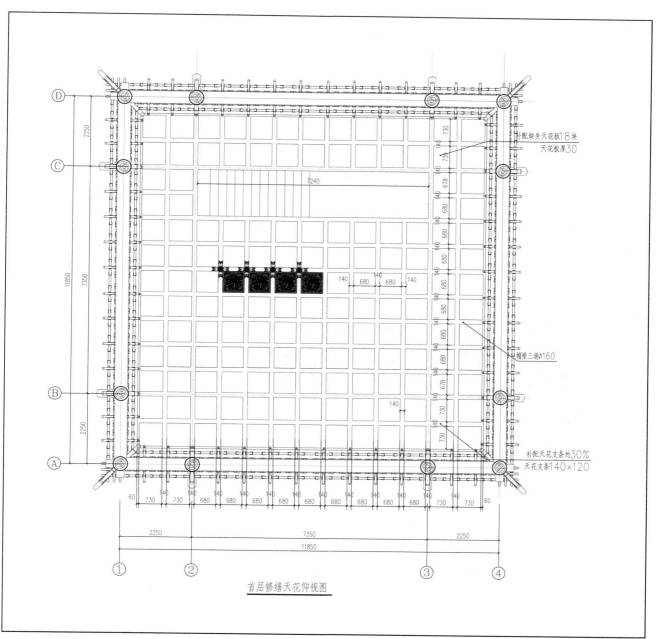

补配缺失天花板18块
天花板厚30

榍梁三道Ø160

补配天花支条约30%
天花支条140×120

首层修缮天花仰视图

图二 首层修缮天花仰视图

外围木栏杆修、配统计表

栏杆编号		备注
栏杆1	现状整修	木制扶手栏杆修、补后重做地仗及油饰
栏杆2	现状整修,修补扶手	
栏杆3	现状整修,修补扶手	
栏杆4	现状整修,补配折柱	
栏杆5	全部补配	
栏杆6	整修地伏,其余补配	
栏杆7	现状整修,补配花板2块	
栏杆8	现状整修榅补裂缝	

图三　外围木栏杆修、配统计表

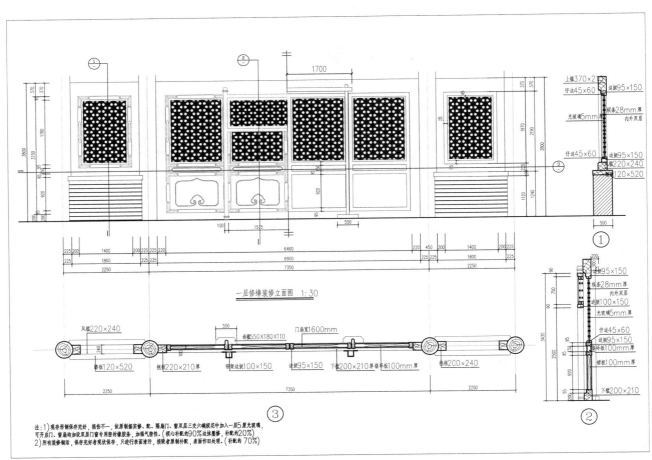

图四　一层修缮装修立面图

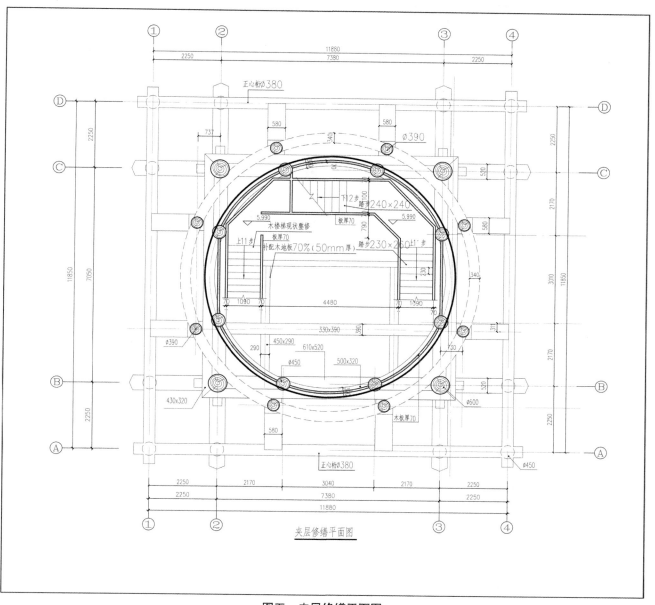

图五　夹层修缮平面图

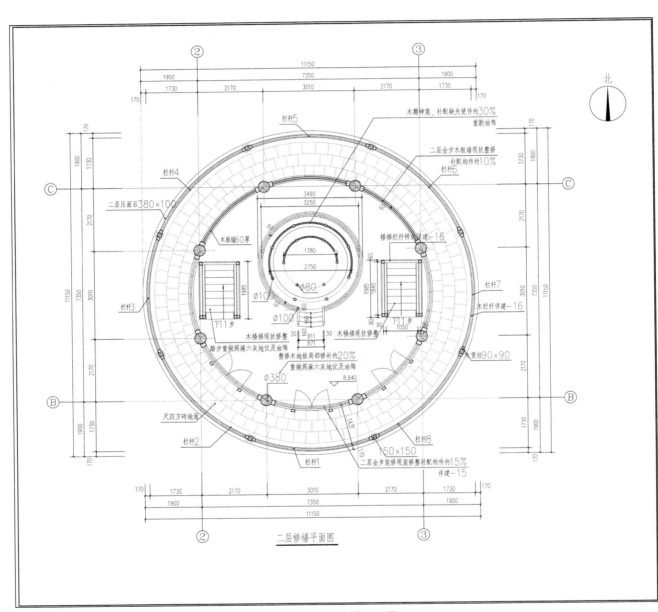

图六　二层修缮平面图

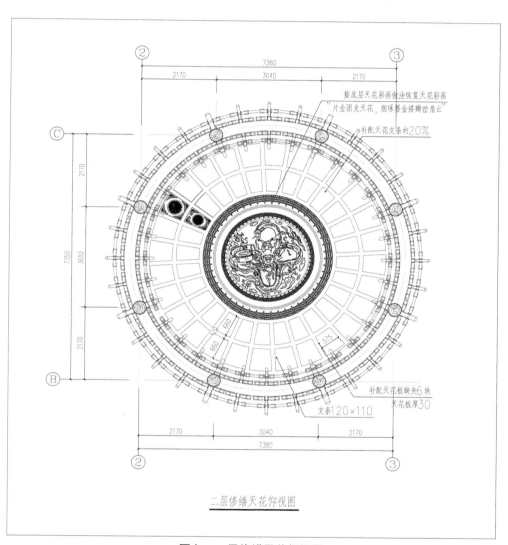

二层修缮天花仰视图

图七　二层修缮天花仰视图

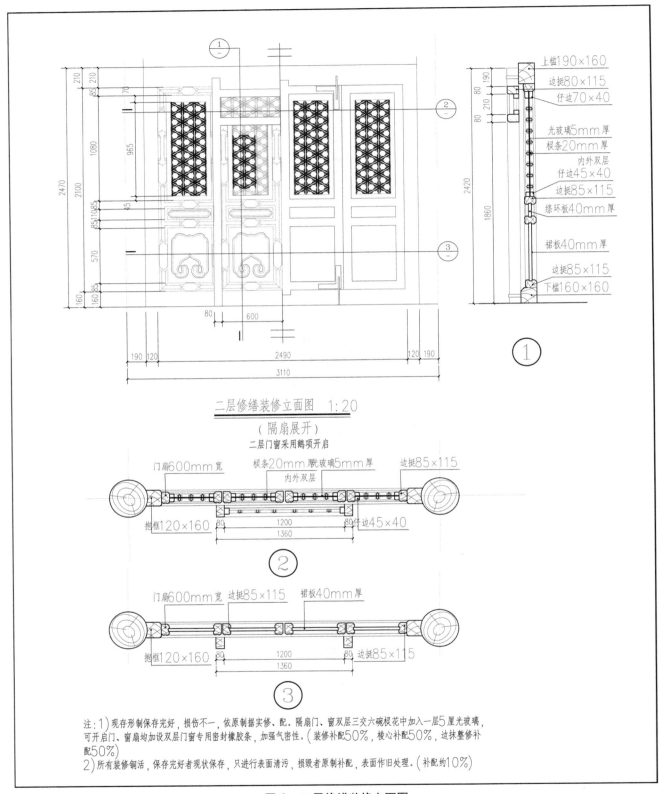

二层修缮装修立面图　1:20

（隔扇展开）

二层门窗采用鹅项开启

注：1) 现存形制保存完好，损伤不一，依原制据实修、配。隔扇门、窗双层三交六碗棂花中加入一层5厘光玻璃，可开启门、窗扇均加设双层门窗专用密封橡胶条，加强气密性。(装修补配50%，棱心补配50%，边抹整修补配50%)
2) 所有装修铜活，保存完好者现状保存，只进行表面清污，损毁者原制补配，表面作旧处理。(补配约10%)

图八　二层修缮装修立面图

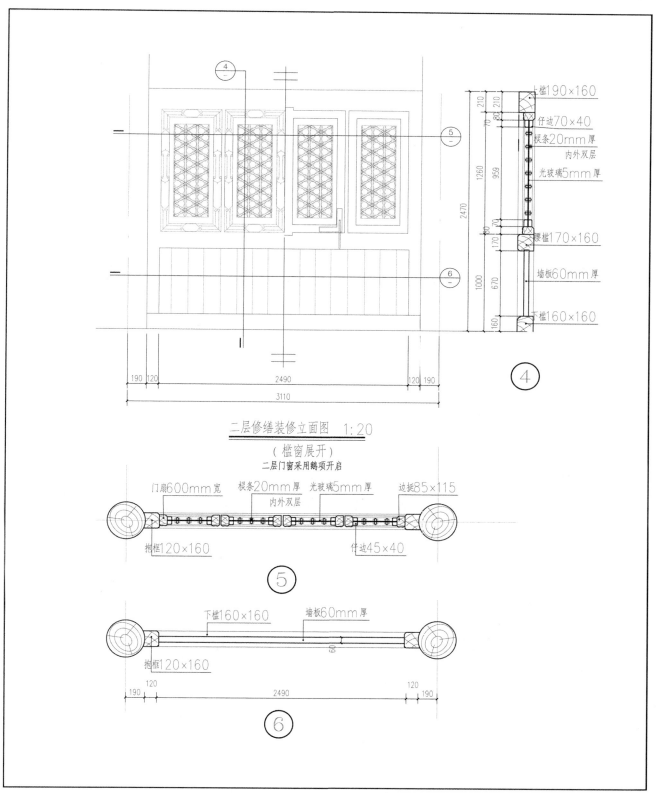

上槛190×160

仔边70×40

棂条20mm厚
内外双层

光玻璃5mm厚

腰槛170×160

墙板60mm厚

下槛160×160

④

二层修缮装修立面图　1:20
（槛窗展开）
二层门窗采用鹅项开启

门扇600mm宽　棂条20mm厚　光玻璃5mm厚　边挺85×115
内外双层

抱框120×160　　仔边45×40

⑤

下槛160×160　墙板60mm厚

抱框120×160

⑥

图九　二层修缮装修立面图

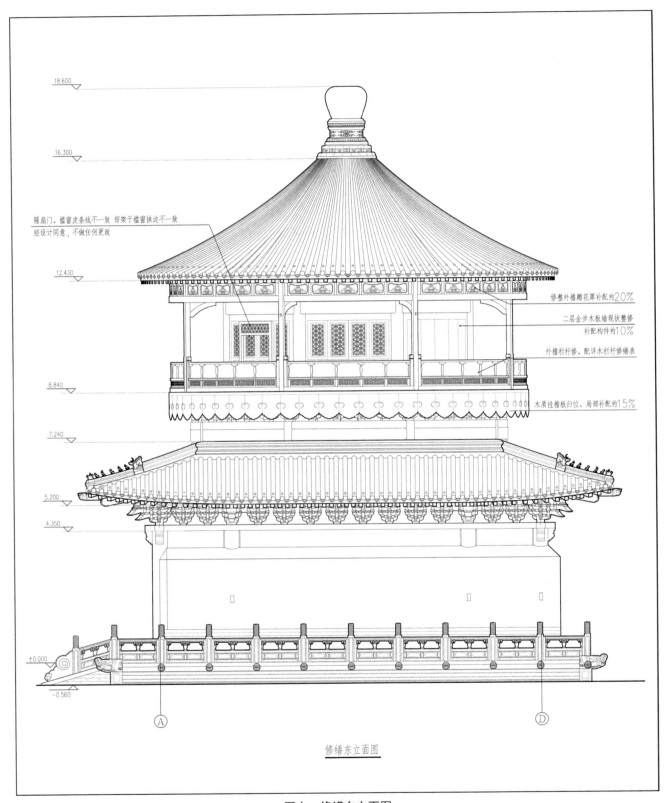

隔扇门、槛窗皮条线不一致 帘架于槛窗抹边不一致
经设计同意，不做任何更改

修整外檐雕花罩补配约20%

二层金步木板墙现状整修
补配构件约10%

外檐栏杆修、配详木栏杆修缮表

木质挂檐板归位、局部补配约15%

18.600

16.300

12.430

8.840

7.240

5.200

4.350

±0.000

-0.560

Ⓐ

Ⓓ

修缮东立面图

图十　修缮东立面图

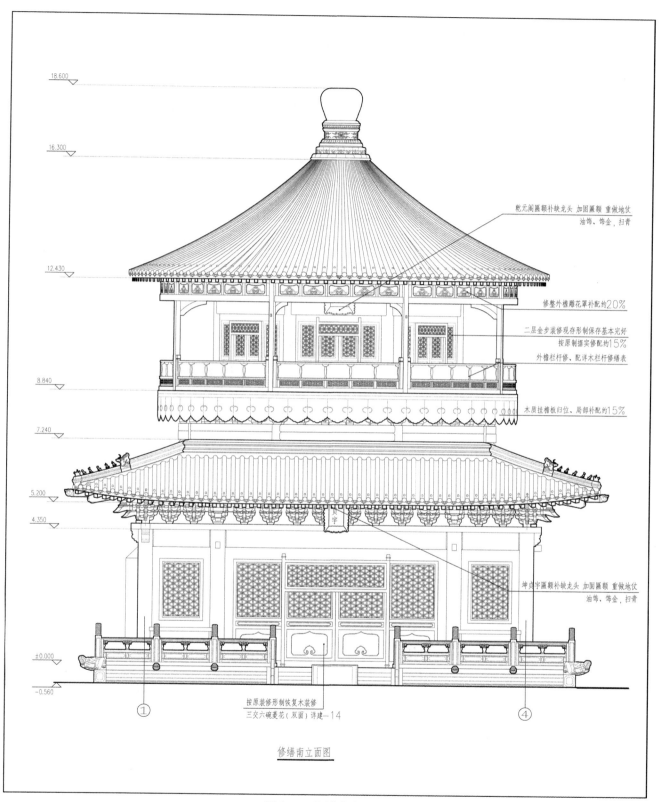

18.600

16.300

12.430

乾元阁匾额补缺龙头 加固匾额 重做地仗
油饰、饰金，扫青

修整外檐雕花罩补配约20%

二层金步装修现存形制保存基本完好
按原制据实修配约15%
外檐栏杆修、配详木栏杆修缮表

8.840

木质挂檐板归位、局部补配约15%

7.240

5.200

4.350

坤贞字匾额补缺龙头 加固匾额 重做地仗
油饰、饰金，扫青

①

±0.000

-0.560

按原装修形制恢复木装修
三交六碗菱花（双面）详建—14

④

修缮南立面图

图十一　修缮南立面图

189

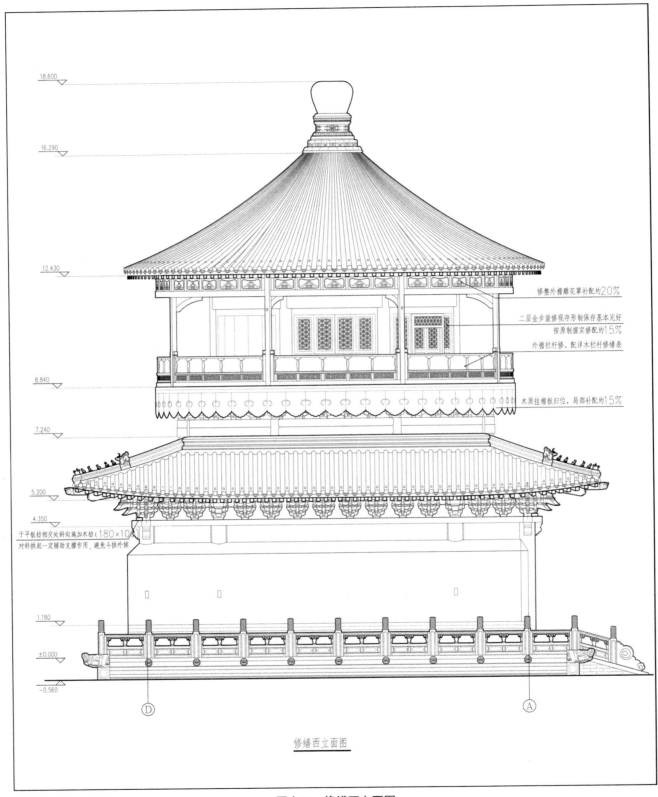

修整外檐雕刻花罩补配约20%

二层金步装修现存形制保存基本完好
按原制据实修配约15%

外檐栏杆修、配详木栏杆修缮表

木质挂檐板归位、局部补配约15%

于平板枋相交处斜向施加木枋（180×10）
对斜拱起一定辅助支撑作用，避免斗拱外倾

修缮西立面图

图十二　修缮西立面图

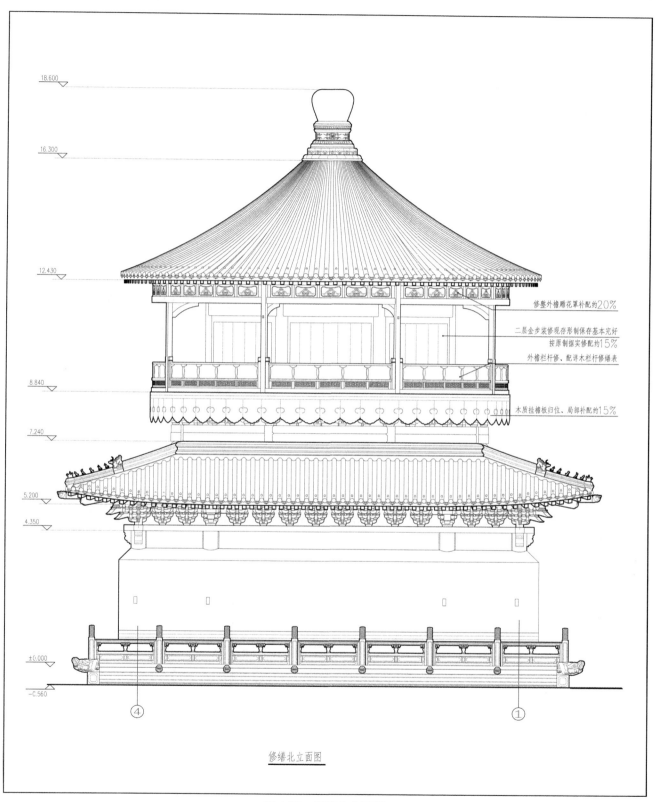

18.600

16.300

12.430

修整外檐雕花罩补配约20%

二层金步装修现存形制保存基本完好
按原制据实修配约15%

外檐栏杆修、配详木栏杆修缮表

8.840

木质挂檐板归位、局部补配约15%

7.240

5.200

4.350

±0.000

−0.560

④

①

修缮北立面图

图十三　修缮北立面图

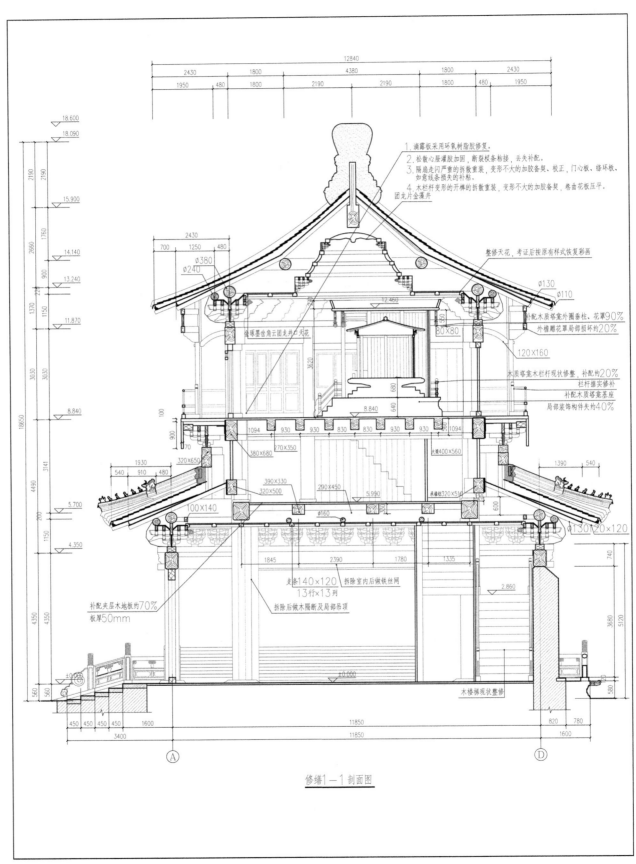

图十四　修缮剖面图

修缮过程照片

平座挂檐板现状修复

平座挂檐板现状修复

原井口天花板无存，原制补配

二层室内佛龛花罩修配

佛龛栏杆柱头原制修配

一层隔扇门裙板绦环板修补

二层菱条三交六椀菱花窗现状修整

二层外檐隔扇门裙板及绦环板缺失处现状修补

二层外檐花罩缺失雕花封板原制补配

一层三交六椀菱花格栅窗

菱条原有样式依据

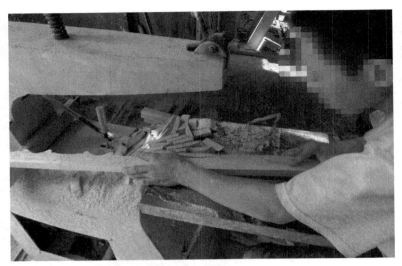

菱条原制补配加工

隔扇修补过程

隔扇修配完成归位

三、宝顶、瓦件等琉璃构件的修缮方法和措施

一层揭瓦修缮；瓦件损伤严重者据实补配，脱釉处防水处理。

二层宝顶的胎砖采用修补方法，对脱釉处进行补色，并做防水处理；对于碎裂的琉璃瓦件新做补配，对脱釉处进行补色，并做防水处理。

琉璃构件部分图纸

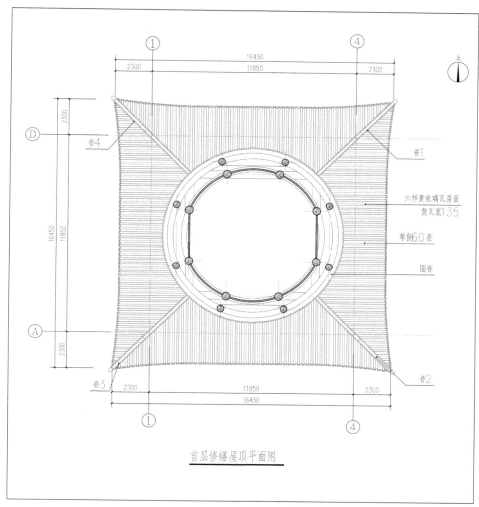

首层修缮屋顶平面图

图一　首层修缮屋顶平面图

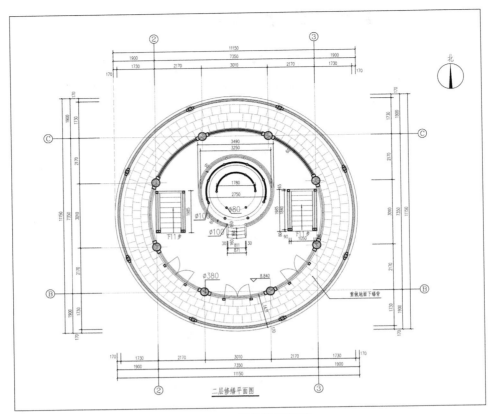

图二　二层修缮平面图

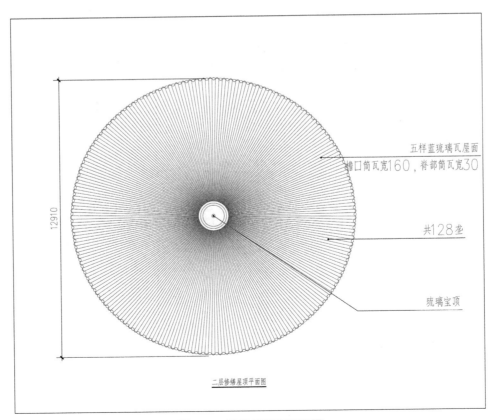

图三　二层修缮屋顶平面图

一层瓦面补配统计表

构件位置	原瓦件使用	补胎、补色、防水处理	补配	补配
南　坡	40%	50%	10%	钉帽1个，勾头1个
西　坡	10%	70%	20%	钉帽1个
北　坡	10%	70%	20%	钉帽1个
东　坡	30%	55%	15%	钉帽3个
脊1	40%	50%	10%	
脊2	20%	60%	20%	
脊3	20%	60%	20%	
脊4	40%	50%	10%	
围脊	40%	40%	20%	

二层瓦面补配损统计表

构件位置	原瓦件使用	补胎、补色、防水处理	补配	修补
瓦面	50%	25%	25%	
宝顶	宝顶琉璃件全部拆修（补胎、补色、防水处理）不得新配。瓦件损伤严重者摇实补配，脱釉处防水处理			粘补宝珠开裂两道长250mm，东北角汗裂约10mm宽，使用铁箍加固，粘补宝顶下伏东北角残破、开裂处

注：将现有避雷系统拆下，妥善保管。待主体工程完成后，重新检修安装，确保正常使用

图四　瓦面补配统计表

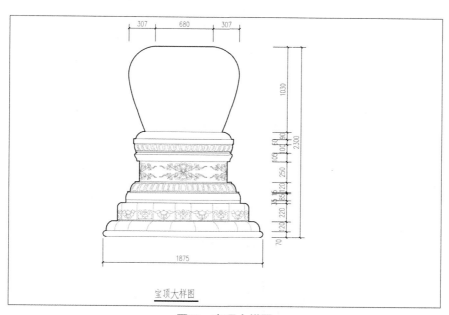

宝顶大样图

图五　宝顶大样图

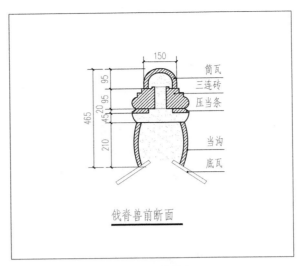

图六　饫脊兽前断面

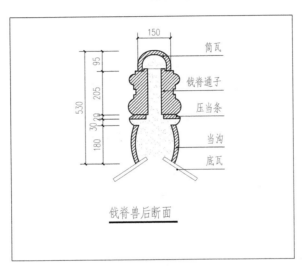

图七　饫脊兽后断面

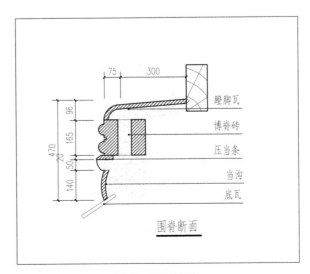

图八　围脊断面

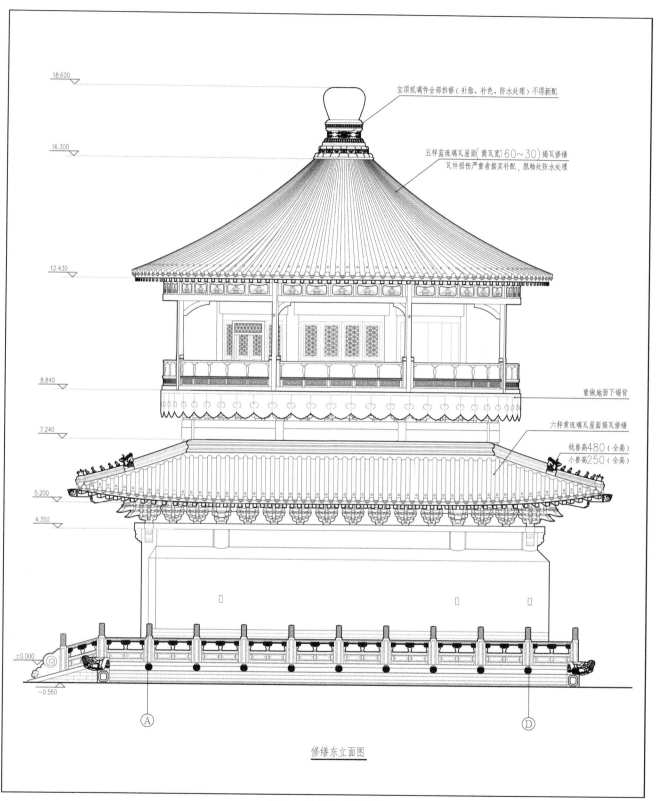

宝顶琉璃件全部拆修（补胎、补色、防水处理）不得新配

五样蓝琉璃瓦屋面（筒瓦宽160～30）揭瓦修缮
瓦件损伤严重者据实补配，脱釉处防水处理

重做地面下锡背

六样黄琉璃瓦屋面揭瓦修缮

钱兽高480（全高）
小兽高250（全高）

18.600

16.300

12.430

8.840

7.240

5.200

4.350

±0.000

−0.560

Ⓐ

Ⓓ

修缮东立面图

图九　修缮东立面图

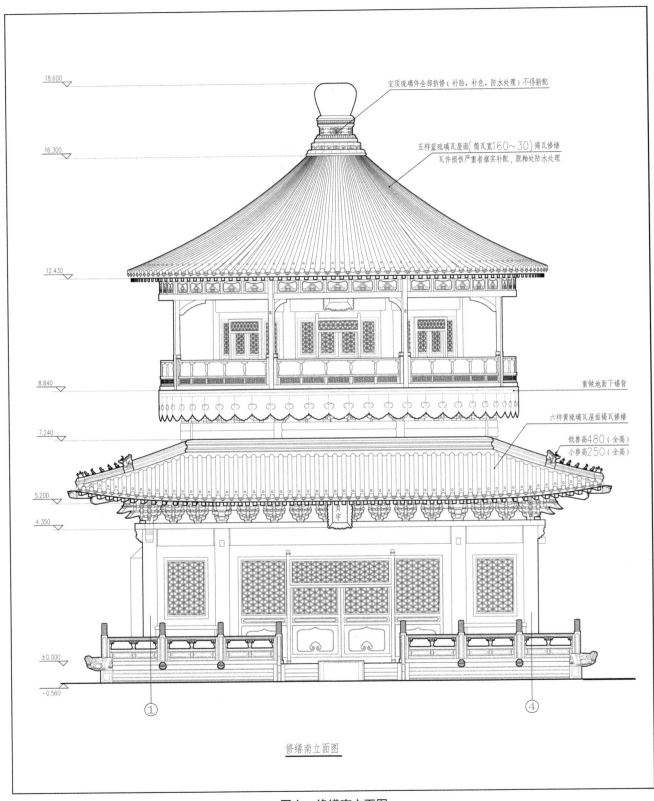

宝顶琉璃件全部拆修（补胎、补色、防水处理）不得新配

五样蓝琉璃瓦屋面（筒瓦宽160～30）揭瓦修缮
瓦件损伤严重者据实补配，脱釉处防水处理

重做地面下锡背

六样黄琉璃瓦屋面揭瓦修缮

钱兽高480（全高）
小兽高250（全高）

18.600

16.300

12.430

8.840

7.240

5.200

4.350

±0.000

-0.560

① ④

修缮南立面图

图十　修缮南立面图

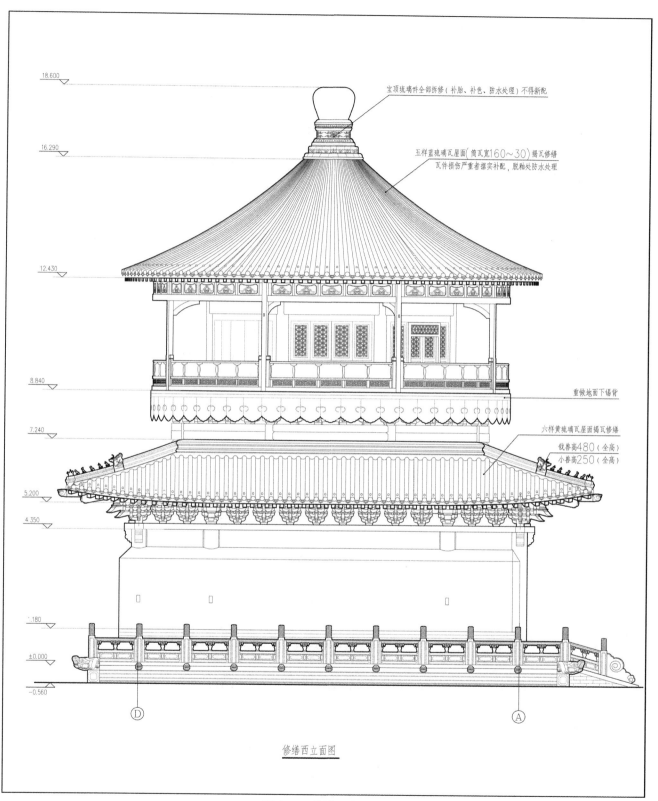

宝顶琉璃件全部拆修（补胎、补色、防水处理）不得新配

五样蓝琉璃瓦屋面（筒瓦宽160～30）揭瓦修缮
瓦件损伤严重者据实补配，脱釉处防水处理

重做地面下锡背

六样黄琉璃瓦屋面揭瓦修缮

钱兽高480（全高）
小兽高250（全高）

18.600
16.290
12.430
8.840
7.240
5.200
4.350
1.180
±0.000
-0.560

D　　　　　　　　　　　A

修缮西立面图

图十一　修缮西立面图

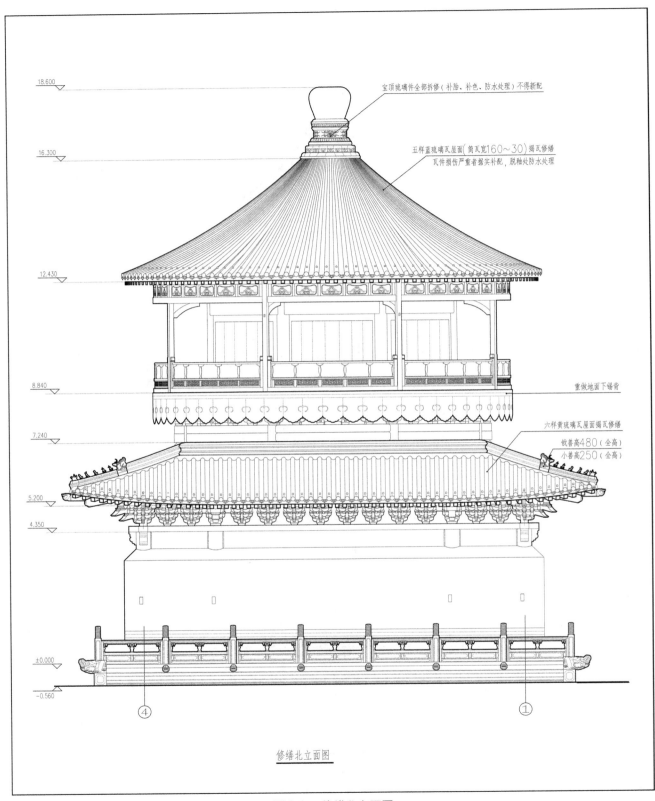

宝顶琉璃件全部拆修（补胎、补色、防水处理）不得新配

五样蓝琉璃瓦屋面（筒瓦宽160～30）揭瓦修缮
瓦件损伤严重者据实补配，脱釉处防水处理

重做地面下锡背

六样黄琉璃瓦屋面揭瓦修缮

钱巷高480（全高）
小巷高250（全高）

18.600

16.300

12.430

8.840

7.240

5.200

4.350

±0.000

−0.560

④　　　　　　　　　　　　　　①

修缮北立面图

图十二　修缮北立面图

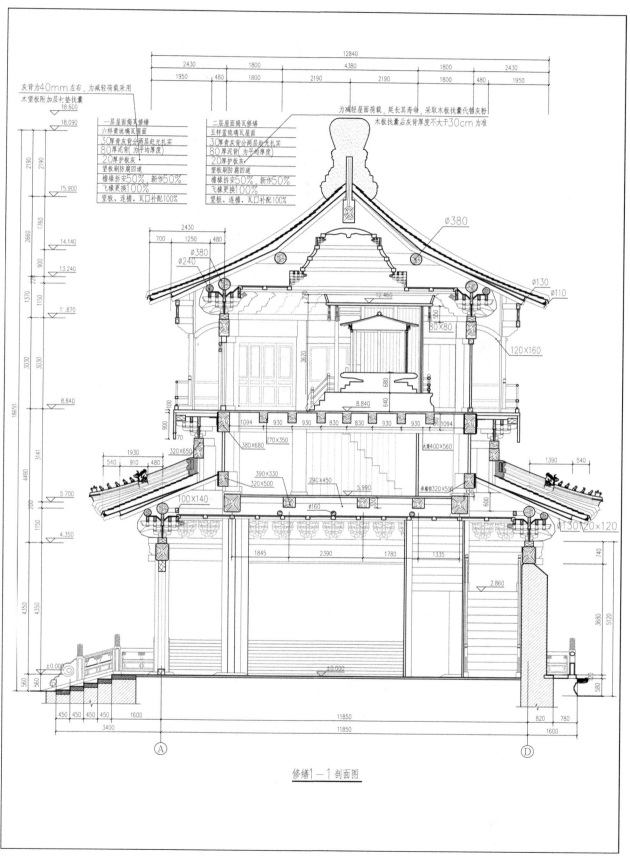

图十三 修缮剖面图

修缮过程照片

二层瓦面揭瓦

二层望板局部补配大部现状保存施工过程

二层泥背施工过程

飞椽椽尾、椽头修补加固

二层檐口处里口木保存完好处现状

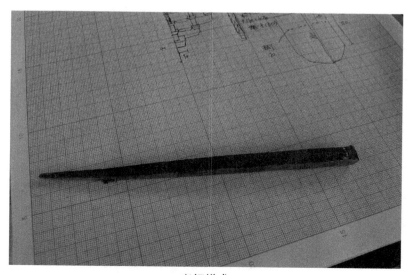

老钉样式

原有铁活加固原制归安

清灰背压麻过程

一层望板铺装

一层望板临檐铺装现状

▶ 四、墙体、台基等砖石构件的修缮方法和措施

针对墙体，对于墙体风化、酥碱等自然损伤严重的部分，计划采用传统工艺运用剔补、打点、局部拆砌的方法进行修缮复原；对于墙体后开门洞的问题，采用传统方式补砌至整。

针对台基，计划将散落的原构件全部归位，缺损的构件比照现存形制和尺寸原制补配，损伤构件全面修补，恢复台帮原制。由于二层平座斗拱的归安及铁活加固，室内地面现存地面方砖原拆原砌，全面保存，损伤严重处原制补配。一层地面除挖补破损严重者外，其余保持现状不动。

拆卸瓦件时应先拆揭瓦滴，并送到指定地点妥为保存，然后拆揭瓦面和垂脊，最后拆除大脊。在拆卸中要注意保护瓦件不受损失。可以使用的瓦料应将灰、土铲掉扫净。瓦件拆卸干净后将原有苫背垫层全部铲除，其后进行大木更换、归安及打牮拨正等各项工作。二层宝顶琉璃件全部拆修（补胎、补色、防水处理），不得新配（揭瓦时严格编号记录，保证原位拆安），瓦件损伤严重者据实补配，进行脱釉处防水处理。

墙体部分图纸

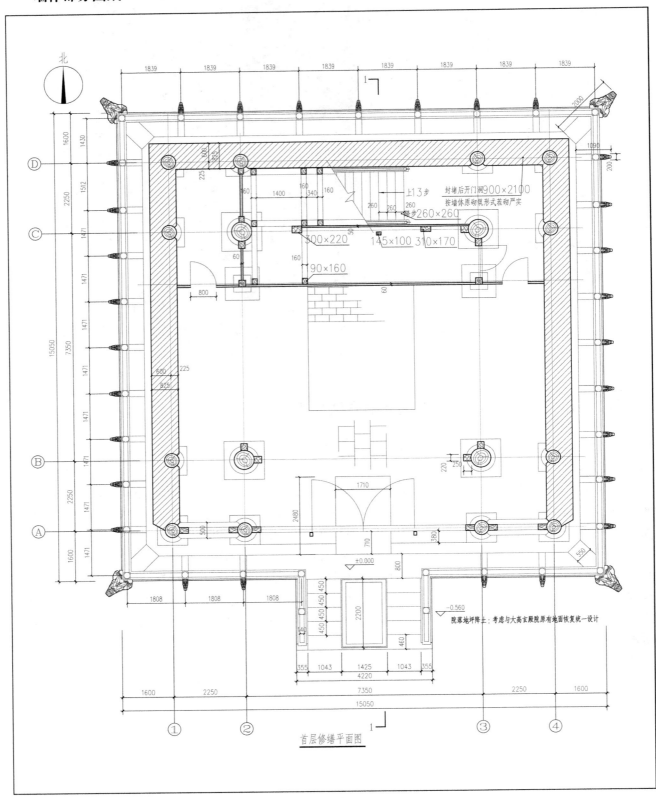

图一　首层修缮平面图

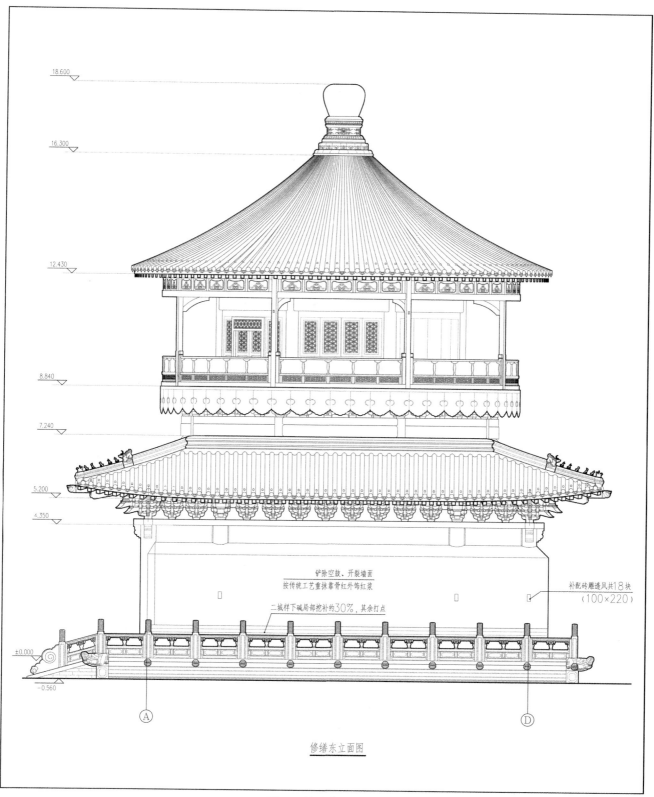

铲除空鼓、开裂墙面
按传统工艺重抹靠骨红外饰红浆

二城样下碱局部挖补约30%，其余打点

补配砖雕透风共18块
（100×220）

修缮东立面图

图二　修缮东立面图

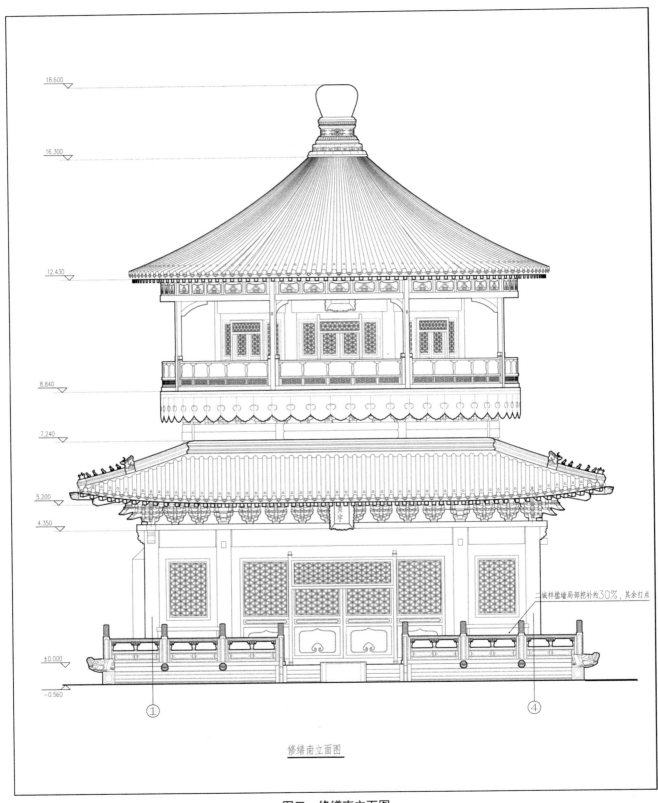

修缮南立面图

图三　修缮南立面图

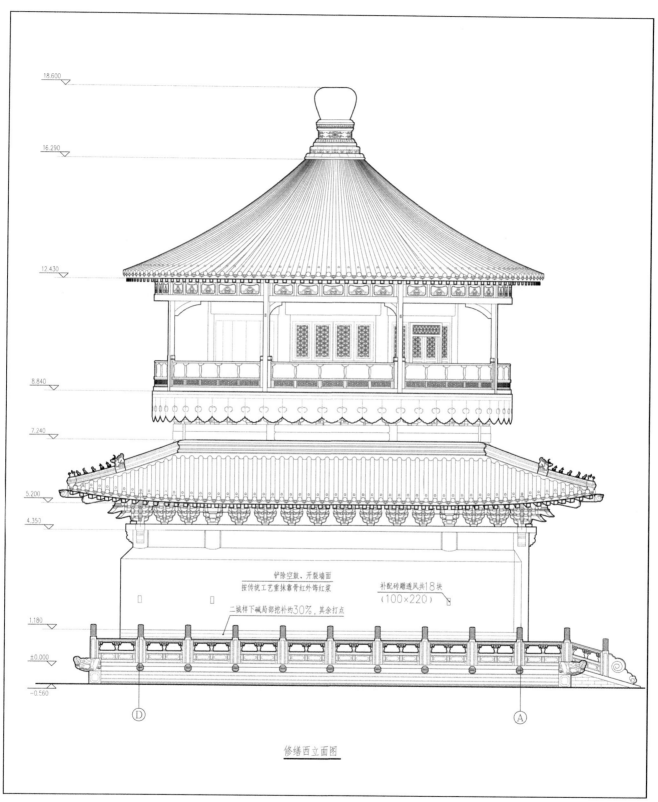

铲除空鼓、开裂墙面
按传统工艺重抹靠骨红外饰红浆

补配砖雕透风共18块
(100×220)

二城样下碱局部挖补约30%，其余打点

D

A

修缮西立面图

图四 修缮西立面图

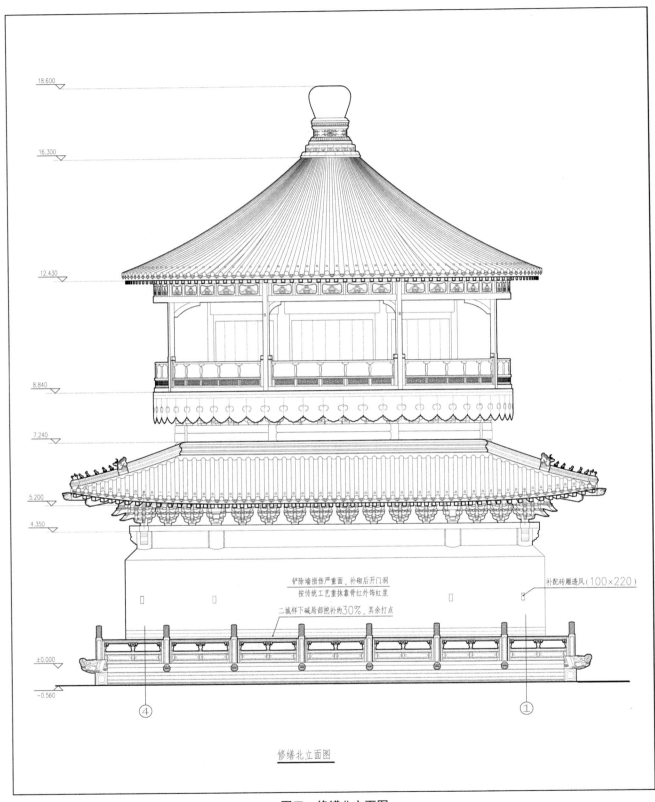

铲除墙损伤严重面，补砌后开门洞
按传统工艺重抹靠骨红外饰红浆
二城样下碱局部挖补约30%，其余打点

补配砖雕透风（100×220）

修缮北立面图

图五　修缮北立面图

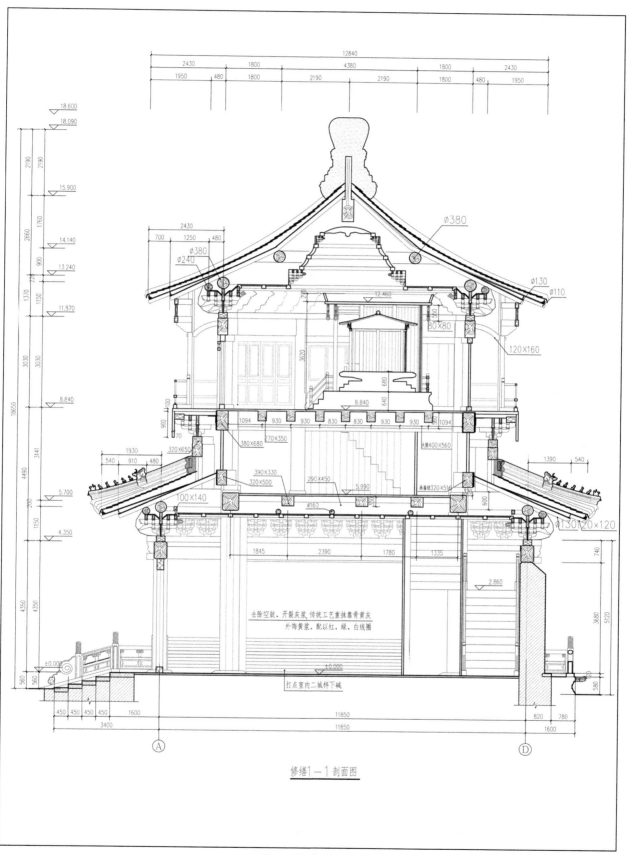

修缮1—1剖面图

图六　修缮剖面图

台基部分图纸

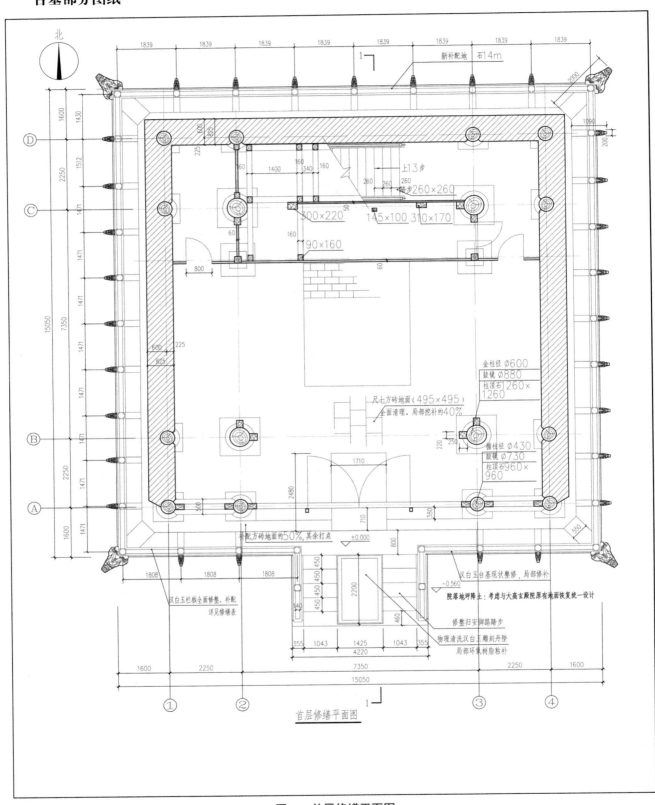

图一　首层修缮平面图

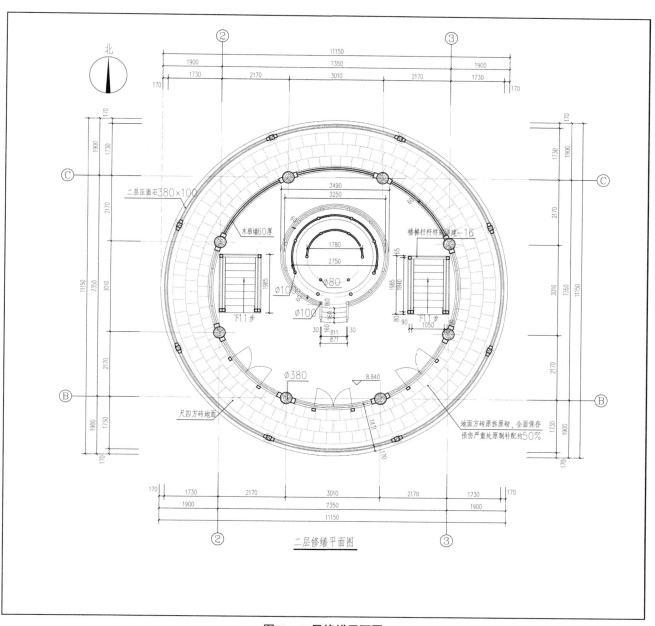

图二　二层修缮平面图

补砌汉白玉
象眼约80%，打点20%

汉白玉栏板全面修整、补配
详见修缮表

清除渣土及杂物
汉白玉台基现状整修，局部修补约10%

修缮东立面图

图三　修缮东立面图

修缮南立面图

图四 修缮南立面图

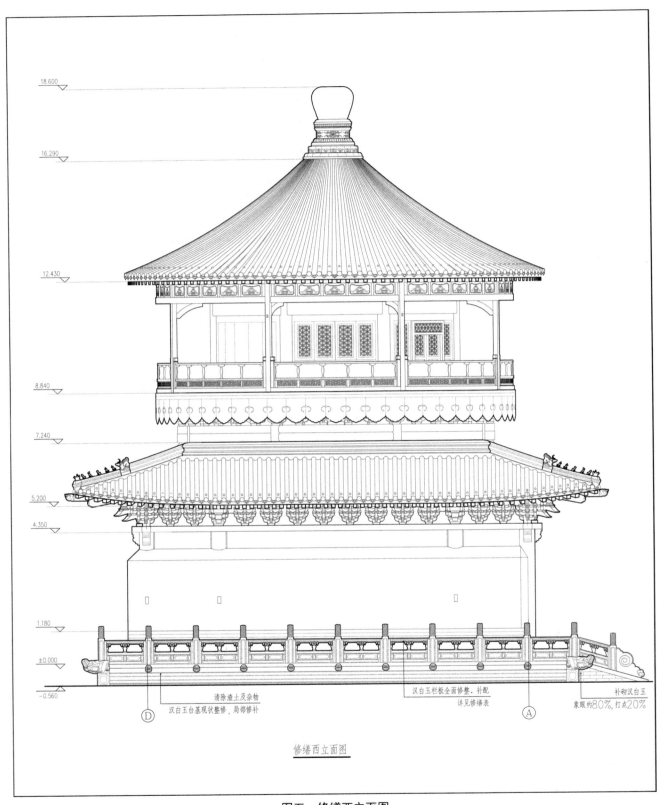

图五　修缮西立面图

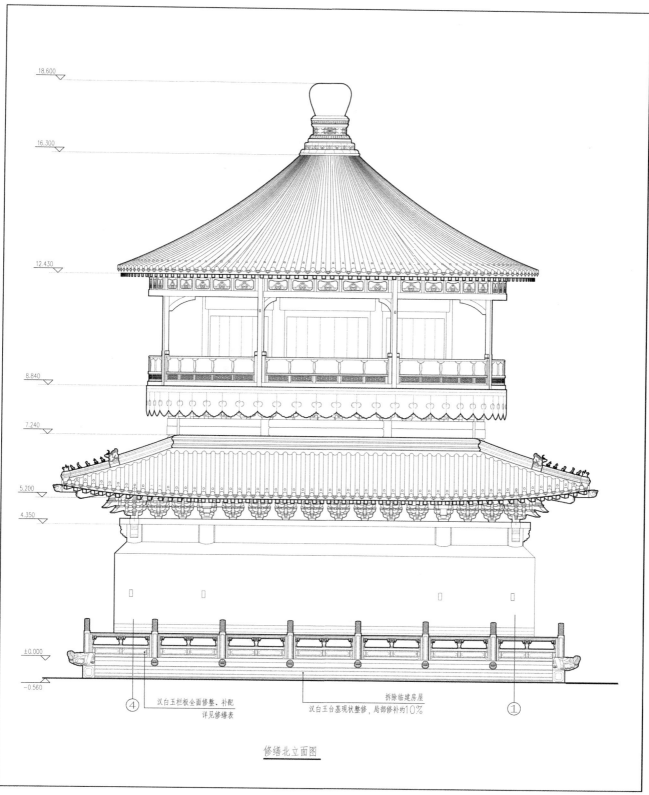

18.600

16.300

12.430

8.840

7.240

5.200

4.350

±0.000

−0.560

④　汉白玉栏板全面修整、补配
　　详见修缮表

拆除临建房屋

汉白玉台基现状整修，局部修补约10%

①

修缮北立面图

图六　修缮北立面图

石栏板望柱修缮统计表

构件位置	构件名称	现存状况
南侧	望柱	补配8个望柱和2个踏跺
	栏板及抱鼓石	补配6块（其中2块为斜栏板），补配抱鼓石2块
	地栿及台明	现状修整
	小龙头	补配4个
北侧	望柱	补配5个，修配1个
	栏板	补配2块，修配1块
	地栿及台明	局部修补地栿约15m，拆除临建，清除渣土，清理修整台明
	小龙头	补配6个，修配2个
东侧	望柱	补配7个，添配1个柱头
	栏板	添配1块，修补1块面积约50%
	地栿及台明	清除渣土，清理台明，修补地栿约20%
	小龙头	补配9个
西侧	望柱	补配9个，修配1个
	栏板	补配7块，修配2块
	地栿及台明	清除渣土，清理台明，修补地栿约90%
	小龙头	补配5个，修配4个
转角处大龙头：东南侧及西北侧现状修整，西南侧修补约40%，东北侧添配龙头		

图七　石栏板望柱修缮统计表

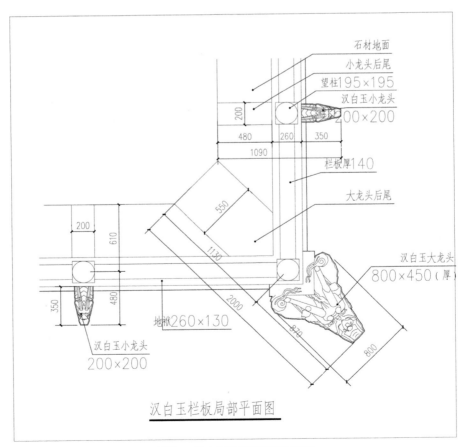

图八　汉白玉栏板局部平面图

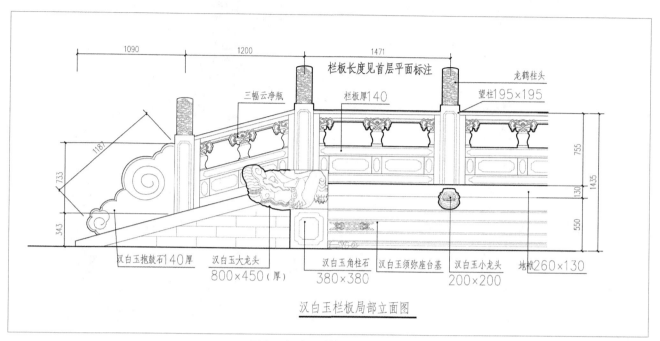

汉白玉栏板局部立面图

图九　汉白玉栏板局部立面图

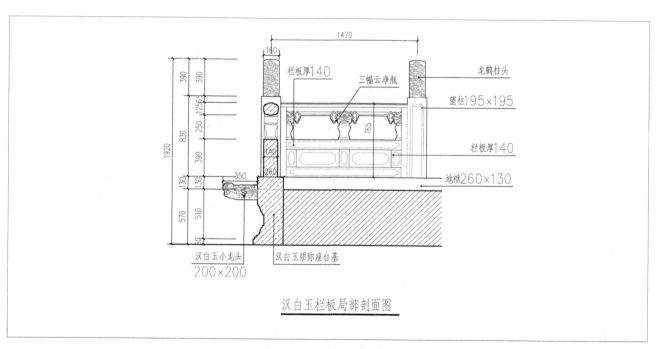

汉白玉栏板局部剖面图

图十　汉白玉栏板局部剖面图

修缮过程照片

地面方砖砍磨

糙砌墙体补砌现状

二层地面方砖编号拆卸集中保存过程

二层压面石编号拆卸集中保存过程

五、油饰、彩画的修缮方法和措施

内檐彩画现状全部保留，做除尘保护，对于残缺部分，按现状补绘整齐。外檐彩画的二层擎檐部、平座处、头停椽望原制新做，其余现状全部保留，并做除尘保护，残缺部分按现状补绘整齐。

彩画补绘时应当注意按照以下特征绘制。

（1）大线（皮条线、岔口线、方心线）为全弧形。

（2）合棱处有一水平线。

（3）找头内采用简化做法，去掉圭线光，通画金琢墨拶退西番莲做法。

（4）凤尾为羽毛状。

（5）天花内的散云、岔角云为烟琢墨拶退做法。

油饰、彩画部分图纸

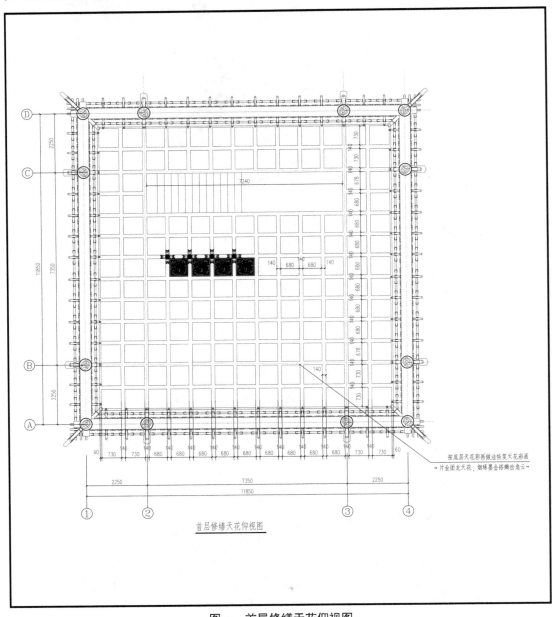

图一　首层修缮天花仰视图

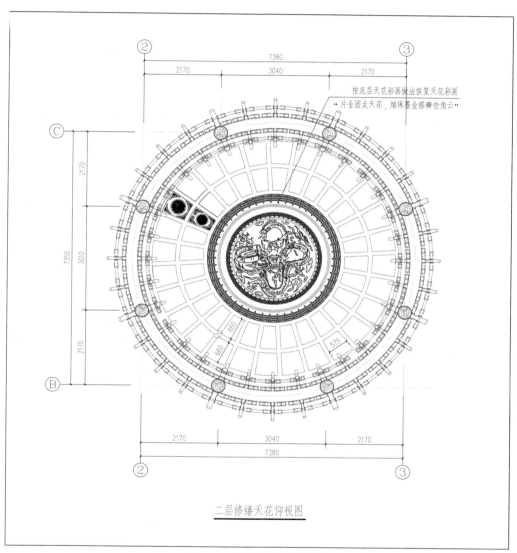

二层修缮天花仰视图

图二　二层修缮天花仰视图

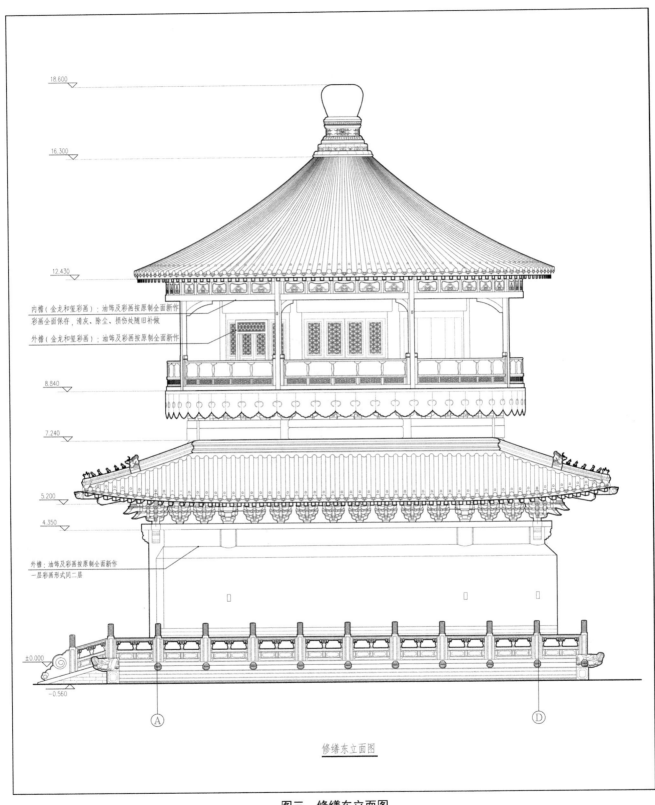

内檐（金龙和玺彩画）：油饰及彩画按原制全面新作
彩画全面保存，清灰、除尘、损伤处随旧补做
外檐（金龙和玺彩画）：油饰及彩画按原制全面新作

外檐：油饰及彩画按原制全面新作
一层彩画形式同二层

修缮东立面图

图三　修缮东立面图

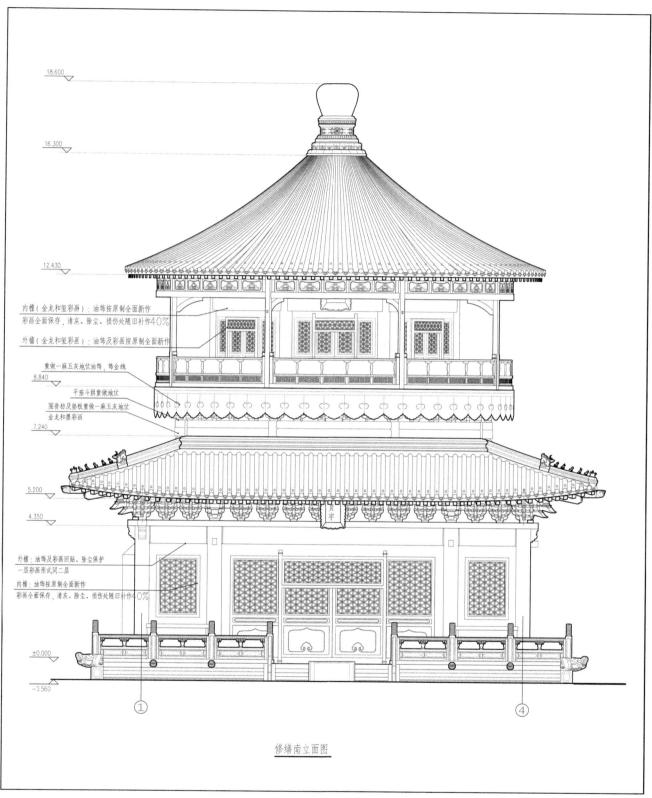

内檐（金龙和玺彩画）：油饰按原制全面新作
彩画全面保存，清灰、除尘、损伤处随旧补作40%

外檐（金龙和玺彩画）：油饰及彩画按原制全面新作

重做一麻五灰地仗油饰，饰金线

平座斗拱重做地仗

围普枋及垫板重做一麻五灰地仗
金龙和玺彩画

外檐：油饰及彩画回贴、除尘保护
一层彩画形式同二层

内檐：油饰按原制全面新作
彩画全面保存，清灰、除尘、损伤处随旧补作40%

修缮南立面图

图四　修缮南立面图

231

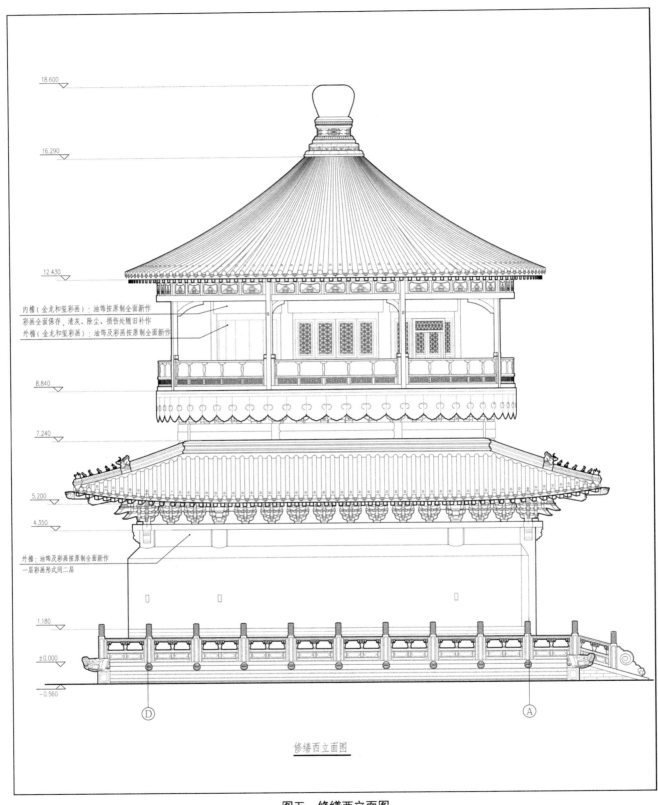

18.600

16.290

12.430

内檐(金龙和玺彩画)：油饰按原制全面新作
彩画全面保存，清灰、除尘、损伤处随旧补作
外檐(金龙和玺彩画)：油饰及彩画按原制全面新作

8.840

7.240

5.200

4.350

外檐：油饰及彩画按原制全面新作
一层彩画形式同二层

1.180

±0.000

−0.560

Ⓓ　　　　　　　　　　　　　　　　　　Ⓐ

修缮西立面图

图五　修缮西立面图

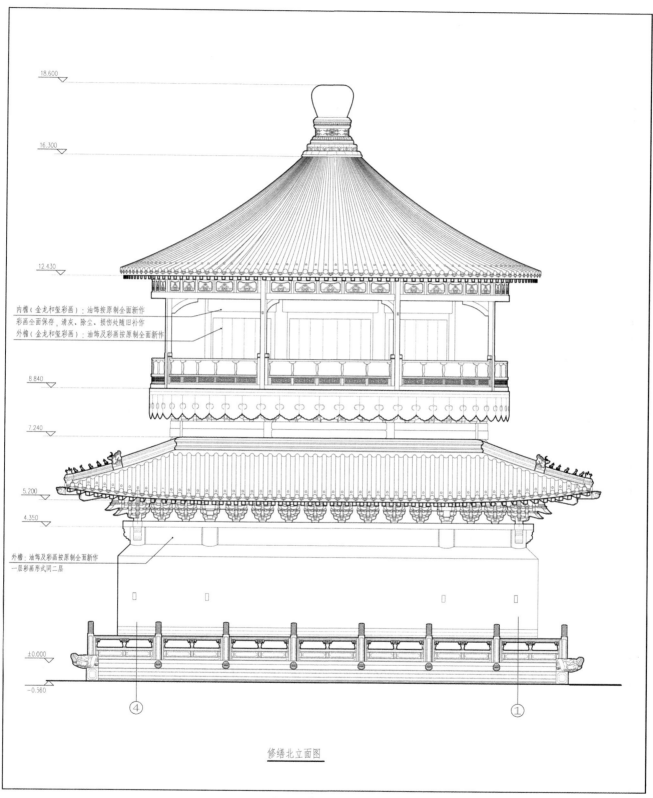

18.600

16.300

12.430

内檐（金龙和玺彩画）：油饰按原制全面新作
彩画全面保存，清灰、除尘，损伤处随旧补作
外檐（金龙和玺彩画）：油饰及彩画按原制全面新作

8.840

7.240

5.200

4.350

外檐：油饰及彩画按原制全面新作
一层彩画形式同二层

±0.000

-0.560

④　　　　　　　　　　　　　　①

修缮北立面图

图六　修缮北立面图

233

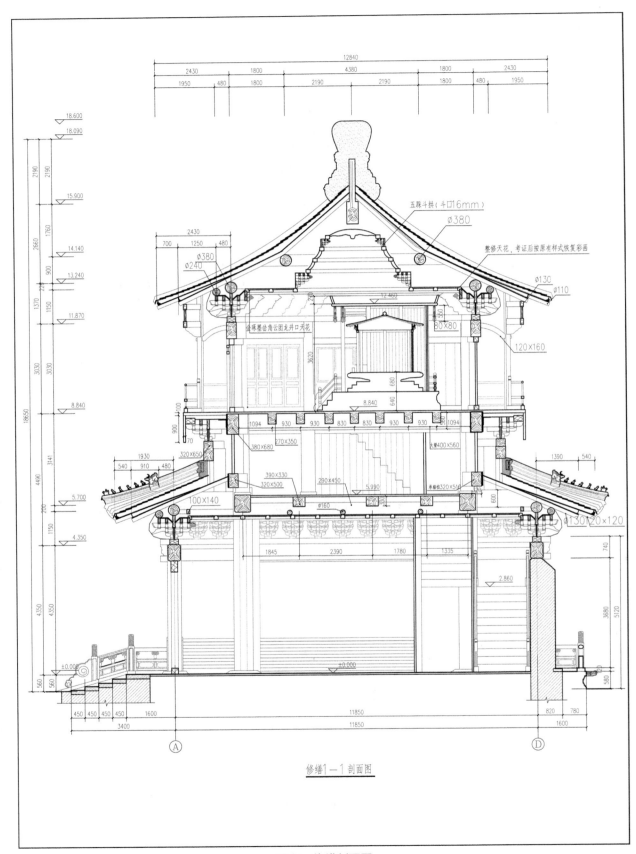

图七　修缮剖面图

修缮过程照片

一层封板油饰品地仗现状

根据乾元阁建筑现存的油饰、彩画状况，可从以下维修方法入手。

乾元阁内檐上架大部彩画受外界环境、气候等因素干扰影响较小，大部分现存状况较好，彩画颜色、纹饰清晰，金箔保存基本完好，只是表面有积尘污渍；局部彩画地仗开裂、起翘、空膨。彩画病害、残损情况较轻，对木构还能起到保护、美观、延缓老化作用，具有保留价值。在大木构件没有任何扰动的前提下，此次维修中该彩画现状保留，并采取必要的保护措施，尽量减少干预。可用软毛刷、荞麦面团、吸尘器、棉签等工具，对彩画进行除尘保护，对已经空臌、剥离的地仗彩画可进行软化、回贴、钉固。天花、支条彩画整体保存较好，对局部缺失、脱落和后期补绘的应按照原状彩画纹饰进行现状保护，除尘、回贴、补绘。

乾元阁平座层外檐及擎檐部部分地仗、彩画经过多年的自然环境、气候影响，保存状况不佳。现存彩画出现了大面积离骨、脱落现象，部分彩画纹饰普遍晦暗不清，残损较为严重，已丧失对木构的保护和美化作用。须通过维修保护工程，对建筑本体的地仗彩画进行修复，消除隐患，恢复该建筑的彩画原貌。

坤贞宇外檐彩画纹饰清晰，只是褪色较为严重，局部开裂、起翘、剥落、失光。彩画病害、残损情况较轻，对木构还能起到保护、美观、延缓老化作用，具有保留价值。在本次维修中坤贞宇外檐彩画现状保留，采取必要的除尘、回贴、钉固保护措施，对残损彩画进行修整、补绘。平座层外檐彩画可根据外檐彩画残迹复制。擎檐部外侧及底部彩画可根据现存外檐彩画残迹及擎檐部内侧彩画现状复制。

基于该建筑现存状况，本设计以现状保护、重点修复、加大保护范围为原则。在本次维修中为维持大高玄殿建筑群整体院落的彩画整体形制的一致性，尽管修缮就彩画而言，新旧并存，不甚协调，但可采取必要的除尘保护措施，对残损彩画进行修整、补绘，将不同时期的彩画大部分保留下来。本设计将彩画保留原质原样，供后人观赏。

第三节　大高玄殿乾元阁施工材料和技术要求

▶ 一、大木作施工材料和技术要求

传统工艺大木架打牮、拔正，归安走闪（对大木架的打牮、拔正应适可而止，不必一定归安至原位），按相关图纸标注，按原有材质、原断面尺寸修、配木构件。因勘察条件有限，隐蔽部位木构件如有损伤，依《古建筑木结构维护与加固技术规范》（GB 50165—92），进行界定修、配标准，明确修补方式（新配木构比例不得突破设计要求，其余损伤者全部修补、加固）。

揭瓦时椽望的拆卸应尽量使用原有的木料，对已糟朽需更换的椽望，用材选用一、二级红松，更换圆椽选用杉杆，严禁用方木刨圆。因天气湿度较大，木材含水率小于20%即可，均为自然干燥材。所有新配大木用材选用黄花松，木材含水率小于18%，所有新配装修用材选用一、二级红松，木材含水率小于15%，凡所有添配木构件均应涂刷CCA防腐材料四道。

▶ 二、木装修施工材料和技术要求

二层外檐栏杆罩、金步隔扇门、窗（双层三交六碗棂花）、封板、室内楼梯栏杆、盘龙藻井、井口天花、木雕神龛、一层外檐装修，内部封板现存形制保存完好。损伤不一，依原制据实修、配即可。

隔扇门、窗（双层三交六碗棂花）中加入一层5厘光玻璃，可开启门、窗扇均加设双层门窗专用密封橡胶条，加强气密性。

▶ 三、砖瓦作、石作施工材料和技术要求

乾元阁台明石、柱顶石、压面石均使用汉白玉石料，归安稳垫石活用灰。图纸中标注"剔换"的部位，必须严格按照图纸进行剔换，不得伤及周围墁砖或任意扩大范围。

乾元阁屋面苫背过程，采用掺灰泥背分层苫抹，每层不超过50毫米。首层泥背全部为白灰，并应

保证修缮后屋面的曲线柔顺。为了随圆脊部为二城样金刚墙，起圆为城砖随圆且有两层灰背，灰背脊瓦瓦泥约 200 毫米。泥背七八成干时进行拍打，晒至九成干时再苦灰背。具体做法需用生石灰块泼制泼浆灰，其麻刀含量为 5%。苦背灰要均匀、充分泼制，泼制后适当沉状。青灰背表层不得少于三浆三轧，以确保成品不会出现裂缝，待晾至九成干再瓦瓦，其添加的麻刀严禁使用劣质麻刀（青灰背配制比例为：白灰：青灰：麻刀＝ 100 ：8 ：5）。

施工中发现的存在裂损、破裂、不破裂但有隐残等问题的瓦，严禁使用在建筑物上。板瓦蘸生石灰浆，瓦与瓦的搭接部分不小于瓦长的 6/10。檐头瓦坡度不应过缓。瓦底用瓦刀将灰"背"实，空虚之处应补足。清除瓦与瓦搭接缝隙以外的多余灰。筒瓦抹足抹严雄头灰，盖瓦侧面不易有灰。脊内灰浆要饱满，瓦垄伸入脊内不易太少。交接处的脊件（正脊与垂脊）砍制适形，灰缝宽度不超过 10 毫米，内部背里密实，灰浆饱满。

在拆除瓦件时应当注意：在拆除之前应先切断电源并做好内、外檐彩绘的保护工作。如果木架倾斜，用杉槁迎着木架支顶牢固。

宝顶的修缮步骤如下。

（1）将琉璃宝顶瓦件编号后，逐件拆下。

（2）用去离子水及专用清洗剂清洗宝顶瓦件，晾干。

（3）清除陶质宝顶风化酥粉层。采用碧林岩石增强剂 OH300 增强，直到饱和为止。

（4）宝顶缺损的部位采用碧林无水泥修复石粉修复，干燥固化要 7 天以上。表面使用矿物颜料补色。

（5）采用黏土砖修复剂 B 型对琉璃瓦残损、断裂部分进行粘接。

（6）琉璃宝顶重砌时，内部重夯。白灰中加入改性后的传统糯米浆（CYKH-06），灰水比为 4 ：1。

（7）琉璃宝顶瓦件重砌后，瓦件之间缝隙中注射高弹嵌缝剂，距瓦面 10 毫米采用改性后的传统糯米浆（CYKH-06）与青灰调和勾缝压实。

（8）釉面剥落琉璃瓦的保护，采用有机硅（CYKH-02A）涂刷三遍。

四、断裂石栏板粘接施工材料和技术要求

一是清理碎块断面。将断裂面上老化的酥粉清除，以保证接缝的准确。用棕刷和去离子水将断裂表面及缝隙中的尘土污迹清洗干净。

二是胶结面处理。在原构件上的两个胶结面，将溶剂型环氧树脂（强化剂 E）涂于各断裂面表面。涂溶剂型环氧树脂是用来加固断裂面存在的结构脆弱部分，使接头的内聚力增大，保证粘接强度。

三是拼对粘接。使用环氧树脂粘接胶（Akepox5010，凝胶状）与固化剂按照一定的比例混合，均匀涂刷断裂面（注意：在粘接时，两个粘接面一定要干净，涂粘接剂时，边缘部分须留出一点空余处，以免压挤出的粘接剂将构件表面染上污迹），然后将断裂构件沿断裂面进行合拢，约 24 小时后完成固化。

四是勾缝补全、做色。使用修复材料加石粉调至膏状。

五、木构件防腐、防火施工材料和技术要求

一是对于外露或表面需做彩画的木构件采用复合木材防腐防霉防虫剂 MFB-2。

用法及用量如下。

（1）每 4 千克药粉先用少量的 80℃以上热水将药剂充分溶解，再倒入冷水稀释至总重 100 千克（药粉 4 千克＋水 96 千克）中，搅拌均匀为止。

（2）处理木材时必须将木件表面的泥土与杂质刷洗干净，然后按制定的处理工艺，进行防腐、防霉、防虫处理。

（3）处理新木构件必须先剥掉树皮，干燥至含水率 20% 以下。处理方法喷、涂、浸泡均可。喷涂须反复进行多次（至少 4～5 次），第二次在前次处理完毕、木材表面干燥后进行。

二是所有与灰背及墙体接触的木构件如望板、木柱、博风等接触面一律涂刷木材防腐油 MFY-1。

用法及用量如下。

（1）防腐油使用前及使用过程中要将煤焦油与防腐剂充分搅拌，混合均匀。

（2）计算需要处理木构件的面积，按照 0.5 千克／平方米用药量，采用涂刷处理方法。在确保用药量的前提下，防腐油具有优良的效果。

（3）在施工中使用防腐油涂刷时，要求均匀、充分、勿留白。小心仔细操作，按照用药量的要求一次涂刷完毕。

（4）望板要在溜缝后涂刷防腐油，以避免防腐油渗漏污染下面构件。对柱身等构件需要涂刷的部位画线示意，防止将防腐油涂在非处理区，影响后续工序。

（5）安全措施：施工人员要注意施工安全，操作时戴口罩、手套，避免药液外溅；每次处理完成后须洗手；所使用的各种工具不得随意乱放，要统一收存；防腐油的存放要注意药品安全，要有专门地点和专人负责。

三是待木构件做完防腐、防霉、防虫处理后，晾干，再进行防火处理，涂刷 NETT 防火涂料 3 遍。

六、油饰、彩画施工材料及技术要求①

（一）油饰、彩画设计方案

序号	建筑名称	部位名称	地仗做法	油饰做法	彩画类别做法	贴金做法	备注
1	乾元阁	连檐、瓦口	四道灰	刷三道银朱色颜料光油			
		飞头、椽头、椽望	四道灰	望板：刷三道土红色颜料光油；飞椽肚：刷三道绿色颜料光油	飞头：片金万字；椽头：青地园寿字	椽、飞头：贴库金	
	擎檐部（外侧）	上枋	一布四灰		龙和玺（无晕色）	贴库金	按残迹及内檐绘制
		雕花板	四道灰			贴库金	按现状重绘
		折柱	一布五灰	刷三道二朱色颜料光油，一道光油出亮			
		下枋	一布五灰		龙和玺（无晕色）	贴库金	按残迹及内檐绘制
		柱头	一麻五灰地仗		片金西番莲卷草	贴库金	按残迹及内檐绘制
		雀替（内外）	三道灰		木雕草纹饰为青、绿、香、紫四色金琢墨楞退	贴库金	按残迹及内檐绘制
		望柱	一布五灰	刷三道二朱色颜料光油，一道光油出亮			
		寻杖扶手	一布五灰	刷三道二朱色颜料光油，一道光油出亮			
		净瓶	四道灰	刷三道二朱色颜料光油，一道光油出亮			
		中枋	一布五灰	刷三道二朱色颜料光油，一道光油出亮			
		绦环板木雕、纹饰	四道灰	刷三道二朱色颜料光油，一道光油出亮			按现状重绘
		折柱	一布五灰	刷三道二朱色颜料光油，一道光油出亮			
		地栿	一布五灰	刷三道二朱色颜料光油，一道光油出亮			

① 此部分由张秀芬编写。

续表

序号	建筑名称	区域	部位名称	地仗做法	油饰做法	彩画类别做法	贴金做法	备注
1	乾元阁	檐部外侧	上架大木	一麻五灰地仗		龙和玺	贴库金	现状保存、做除尘保护、残缺部分按现状补绘整齐
			陡匾	一麻五灰	匾边刷银朱色颜料光油，匾心为扫青地		匾字、边贴库金	
			下架大木（柱、槛、框、踏板）	一麻五灰地仗	刷一道章丹，三道二朱色颜料光油，一道光油出亮		框线、皮条线、云盘线、掏环线贴库金	框线按现状恢复，指甲圆圆线
			隔扇、槛窗	单皮灰	刷三道二朱色颜料光油，一道光油出亮		梅花钉扣贴库金	
			藻井			坐龙天花、金琢墨拶退岔角		现状保存、做除尘保护
		内檐	天花、支条	一布四灰			贴库、赤两色金	现状保存、做除尘保护，支条按现状（表层）补绘整齐
			上架大木	一麻五灰地仗		龙和玺	贴库、赤两色金	现状保存、做除尘保护，残缺部分按现状补绘整齐
			包金土子墙面			重刷包金土子墙面，刷砂绿色大边，拉红白色粉线		按现状重绘
		内檐	下架大木（柱、槛、框、踏板、木板墙、楼梯）	一麻五灰地仗	刷一道章丹，三道二朱色颜料光油，一道光油出亮		按现状重做	
			顶板	一布四灰				
			隔扇、槛窗	四皮灰	刷三道二朱色颜料光油，一道光油出亮		按现状重做	
			滴珠板	一麻五灰	刷三道二朱色颜料光油，一道光油出亮		按现状重做	
			斗拱	三道灰				
		平座层	垫拱板	一布四灰	空地刷三道银朱色颜料光油	青地片金行龙	贴库金	根据外檐彩画残迹重新复制
			平板枋	一麻五灰		龙和玺（无晕色）	贴库金	根据外檐彩画残迹重新复制
			额枋	一麻五灰		坐龙盒子	贴库金	根据外檐彩画残迹重新复制
			柱头	一麻五灰				

续表

序号	建筑名称	部位名称		地仗做法	油饰做法	彩画类别做法	贴金做法	备注
2	坤贞字	外檐	连檐、瓦口	四道灰	刷三道银朱色颜料光油		贴库金	
			飞头、椽头、椽望	四道灰	望板：刷三道土红色颜料光油；飞椽肚：刷三道绿色颜料光油		贴库金	
			上架大木	一麻五灰地仗		飞头：片金万字；椽头：青地园寿字	贴库金	现状保存，做除尘保护，残缺部分按现状补绘整齐
			陡匾	一麻五灰	匾边刷银朱色颜料光油，匾心刷青地	龙和玺（无晕色）	匾字、边贴库金	
			下架大木（柱、槛、框、踏板）	一麻五灰地仗	刷一道章丹，三道朱色颜料光油，一道光油出亮		框线、皮条线、云盘线、掐环线贴库金	框线按现状恢复，指甲圆线
		外檐	隔扇、槛窗	单皮灰	刷三道二朱色颜料光油，一道光油出亮		梅花钉扣贴库金	
2	坤贞字	内檐	天花、支条	一布四灰		坐龙天花，金琢墨拶退岔角	贴库、赤两色金	现状保存，做除尘保护，残缺天花，支条（表层）补绘整齐
			上架大木	一麻五灰地仗		龙和玺	贴库、赤两色金	现状保存，做除尘保护，残缺部分按现状补绘整齐
			包金土子墙面			重刷包金土子墙面，刷砂绿色大边，拉红白色粉线	按现状重做	
			下架大木（柱、槛、框、踏板、顶板、木板墙、楼梯）	一麻五灰地仗	刷一道章丹，三道朱色颜料光油，一道光油出亮		按现状重做	
			隔扇、槛窗	四道灰	刷三道二朱色颜料光油，一道光油出亮		按现状重做	

（二）维修工程实施的技术要求（重做部分）

1. 地仗工程

（1）地仗处理软砍见木、撕缝、下竹钉等程序后，用桐油钻生或汁油浆，以确保彩画地仗的牢固性。

汁浆（油浆配方为油满∶水 =8∶1，内不得有疙瘩）要注意木缝内外完全刷到，彻底清除尘污，不可遗漏。木构件糟朽部位，可操油（二成生桐油∶八成汽油）或灰油（生桐油∶汽油 =1∶2.3）。

（2）各种灰浆用料，严格按传统工艺配料，以保证地仗的坚固性。

材料配比如下：

油满——灰油∶石灰水∶白面 =2∶1.3∶1

血料腻子——血料∶土粉子∶水 =1∶1.5∶0.3

捉缝灰——油满∶血料∶砖灰 =1∶1∶1.5

扫荡灰（通灰）——油满∶血料∶砖灰 =1∶1∶1.5

压麻灰——油满∶血料∶砖灰 =1∶1.5∶3

中灰——油满∶血料∶砖灰 =1∶2∶3.5

细灰——油满∶血料∶砖灰 =1∶10∶20（加光油 2 千克、水 6 千克）

（3）地仗工程所选用材料的品种、规格和颜色必须符合设计要求和现行材料标准的规定。

（4）材料配合比，原材料、熬制材料和自加工材料的计量、搅拌，必须符合古建筑传统操作规则。

（5）各遍灰之间及地仗灰与基层之间必须粘接牢固，无脱层、空臌、翘皮及裂缝等缺陷。

（6）生油必须钻透，不得挂甲。桐油钻生必须一次钻透。

2. 油饰工程

油饰工程（包括油饰、粉刷、贴金等装饰工程）中选用材料必须符合设计要求和现行材料标准的规定。

（1）各色油皮亦采用颜料光油（按文物部门的要求进行搓油），施涂前先制成样板，经设计部门选定、认可后，方可施工。

（2）贴金箔应与金胶油粘接牢固，无脱层、空臌、崩秧、裂缝等缺陷。

（3）贴金要求色泽一致，光亮，不花；不得有绽口，漏贴，金胶油不得有流坠、皱皮等缺陷。

（4）光油油饰工程严禁脱皮、漏刷、超亮。

（5）墙面刷浆严禁掉粉、起皮、漏刷和透底。

3. 彩画工程

（1）彩画技术保护措施如下。

①除尘：采用传统工艺技术与现代科学相结合的方法，用软毛刷或吸尘器清除表面灰尘。

②清污：对于鸟粪、油污和水渍等污染物，先用 50% 的酒精溶液轻涂于污染物的表面，软化后用脱脂棉等擦除。

③回贴、加固。

回贴：先对木基层用油浆（灰油∶生桐油∶稀料 =1∶2∶3）支浆，再用油满水溶液（体积比 1∶0.3）涂于木基层。单披灰地仗用热蒸汽软化后，用棉纸覆盖并轻轻按压归位，加支顶，待油满干燥后取下支顶。

加固：用热蒸汽软化起翘的地仗后，用 3% 的桃胶水溶液注入渗透，用棉纸覆盖并轻轻按压归位。

④补绘：按原有地仗的工艺补做地仗，按原有彩画形制、色彩进行补绘彩画。

（2）彩画施工要求如下。

①施工前对所保留的彩画要妥善保护起来（可用塑料布等将其彩画包好，以免施工当中将彩画弄脏）。

②重绘彩画部分按设计要求先将修缮建筑上的外檐彩画所有纹饰描拓、记录下来，所有重做的外檐彩画较为完好部分，按设计要求记录、保留、编号、存档，经设计部门验收后方可施工。

③彩画谱子的主要框架尺寸，以设计图及实物现状为准，细部纹饰按现状彩画绘制，要体现出时代特点，没有纹饰的按设计所指定的实物例证绘制。谱子拟出后，经设计部门审核无误后方可定稿。

④彩画的各种颜色需使用传统材料骨胶调制。主要颜色先制成样板，经设计部门选定后，经有关部门检验，确认合格后，方可施涂。

⑤施工程序要按传统工艺进行。大色以色标为准，严禁色彩出现翘皮、掉色、漏刷等现象。

⑥墙面、地面必须做好妥善保护，不得伤损、脏污。

七、其他项目的材料及技术要求

（1）院落地坪降土：考虑与大高玄殿院落原有地面恢复统一设计（包括院落排水、管线铺设、地面铺装等），因此本次工程只包括台基修缮，不含室外散水及相邻院落地面铺装。

（2）设备、电气、安防、技防等必要的系统引入：考虑与大高玄殿院落所有建筑统一设计，因此本次工程只包括建筑本体修缮，设备、电气、安防、技防等必要的系统引入不在本次工程范围之内。

（3）修缮后，原有避雷设施需原拆原安，原有檐部铜制护网需原拆原安。

八、施工中应注意的事项

（1）施工中应做好原始基础探查工作，如发现与图纸不符之处应及时通知设计单位现场解决，出示设计变更，在得到上级主管部门审批后，以设计洽商解决。

（2）施工中应严格落实各阶段验收程序，并及时通知质检部门及设计人员到场实验。

（3）施工中使用的各种灰浆严格按传统工艺用生石灰泼制，禁止使用袋装石灰粉。

（4）本次修缮中木作、瓦石作、油饰均以传统操作工艺为主，各类材料规格质地亦应符合有关规范。

（5）施工中如遇未见问题应及时与设计方联系，设计方可以现场解答和处理。

第四章　大高玄殿乾元阁修缮工程施工中的设计变更与工程洽商

施工揭露过程后，发现了许多问题诸如木梁等隐蔽工程，施工方及时反映给设计方，设计方根据勘察分析，并最终制定了涉及的变更。

第一节　大高玄殿乾元阁木梁洽商

▶ 一、木梁病害情况与问题

（一）大高玄殿乾元阁木梁情况

在大高玄殿乾元阁修复项目施工之前的现场勘查中，工作人员发现了乾元阁建筑本体的二层向南倾斜的现状。但是由于当时乾元阁建筑本体一层顶部的吊顶部分及二层地板部分都还没有打开，所以无法得知建筑本体向南倾斜的具体原因。当工作人员将一楼吊顶部分与二楼地板部分打开后，隐蔽的部分暴露出来，工作人员发现乾元阁南侧的大梁部分有下沉、变形、开裂的损伤；并且，不仅大梁梁体本身出现了损伤，在大梁西端与柱子交接处的榫卯也发生了压缩形变，引发了乾元阁二层建筑本体向南倾斜的问题。

工作人员在对现场进行详细的勘查之后，进行了大量的试验。通过将建筑本体等比缩小进行模拟试验，最终确定了加固修缮方式。以下为乾元阁修缮工程木梁坚固项目的详细内容。

（二）大高玄殿乾元阁木梁问题

乾元阁一层平面呈方形，面阔三间，进深三间。由 12 根檐柱、4 根金柱组成。

乾元阁外观

二层平面呈圆形，设平座及外廊，内外各 8 根圆柱，二层平座木柱荷载全部由一层金柱支撑的 4 根木梁承担，二层外廊木柱荷载大部分由一层金柱支撑的 4 根木梁承担。其平面图如下。

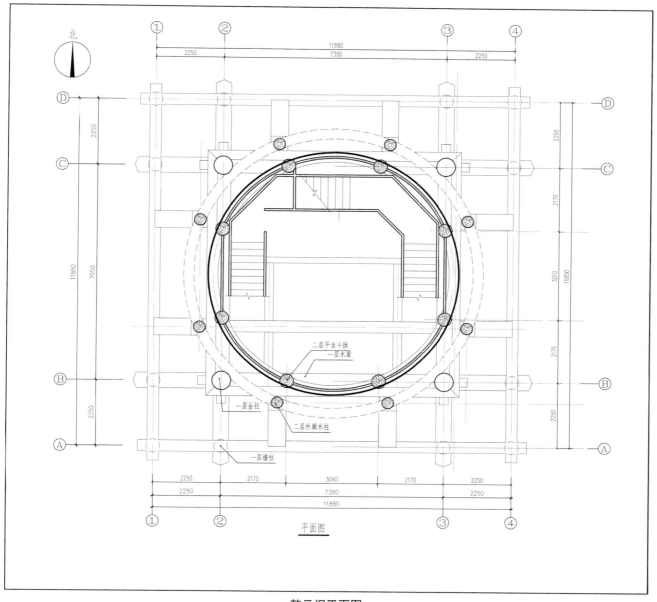

乾元阁平面图

这种结构布置使一层金柱柱顶木梁跨度较大（最大 7.38 米），承担荷载较大，木梁挠度较大，具体数值如下。

木梁荷载设计值简图（活荷载仅考虑雪荷载）如下。

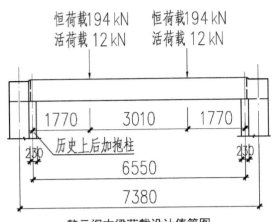

乾元阁木梁荷载设计值简图

此 4 根木梁材质为楠木［根据中国林业科学研究院检测的现场楠木力学性质报告，结合《木结构设计规范》（GB 50005—2003）附录 C 以及 4.2 条木材强度设计值和弹性模量，综合判断现场楠木强度等级为 TB13］，木梁截面尺寸 680 毫米 ×550 毫米，榫卯处尺寸为 680 毫米 ×150 毫米。

大高玄殿乾元阁楠木力学性质	
润楠	桢楠
产地：四川	产地：四川
密度：0.565g/cm³	密度：0.610g/cm³
干缩系数（径向）：0.171%	干缩系数（径向）：0.169%
干缩系数（弦向）：0.283%	干缩系数（弦向）：0.248%
干缩系数（体积）：0.480%	干缩系数（体积）：0.433%
顺纹抗压强度：38.8MPa	顺纹抗压强度：39.5MPa
抗弯强度：80.7MPa	抗弯强度：79.2MPa
抗弯弹性模量：10983MPa	抗弯弹性模量：9905MPa
顺纹抗剪强度（径面）：7.1MPa	顺纹抗剪强度（径面）：7.8MPa
顺纹抗剪强度（弦面）：8.5MPa	顺纹抗剪强度（弦面）：9.0MPa
横纹抗压强度（局部—径向）：7.5MPa	横纹抗压强度（局部—径向）：8.5MPa
横纹抗压强度（局部—弦向）：4.7MPa	横纹抗压强度（局部—弦向）：6.5MPa
冲击韧性：62.4kJ/m²	冲击韧性：58.3kJ/m²
硬度（端面）：44.3MPa	硬度（端面）：44.6MPa
抗劈力（径面）：14.4N/mm	抗劈力（径面）：14.3N/mm
抗劈力（弦面）：15.6N/mm	抗劈力（弦面）：16.0N/mm

二、病害成因分析

经计算可知，梁端榫卯截面过小，抗剪承载力不足，历史上可能由此发生过安全问题，在木柱两旁后设抱柱支撑木梁，抱柱截面尺寸为 230 毫米 ×230 毫米，设置年代不详。设置抱柱后，木梁支座由榫卯移至抱柱顶，抗剪截面由榫卯增大至整个木梁截面，抗剪承载力满足要求。抱柱顶与木梁接触处，木梁横纹抗压承载力不足，木梁底部局部被压溃。

目前木梁抗弯承载力已经接近极限（计算值为 8.6 兆帕，允许值为 9.36 兆帕），如果考虑修缮后对外开放，则楼面活荷载增加，相应每根木柱活荷载设计值增加至 61kN，抗弯承载力将不足。

木梁跨中沉降值较大，目前南侧木梁梁中最大沉降为 5 厘米，西侧木梁梁中最大沉降为 8 厘米，北侧木梁梁中最大沉降为 6 厘米，东侧木梁梁中最大沉降为 4 厘米。详见木梁损伤现状照片。

由于木梁弯曲变形和干缩变形，梁端榫卯处略有拔出。

综上所述，木梁存在梁底端局部被压溃，抗弯承载力不足，跨中挠度大，榫卯处略有拔出，木梁存在干缩、劈裂裂缝等损伤现象。

一层南侧大梁加固——大梁现状勘查

三、木梁加固技术方案

（一）设计主要依据

《中华人民共和国文物保护法》

《中华人民共和国文物保护法实施条例》

《木结构设计规范》（GB 50005—2003）

历史资料、照片的收集及走访知情者

现场勘损、实测数据资料

（二）设计思路

1. 需要的解决问题

防止梁端压溃范围继续扩展。

提高木梁抗弯承载力。

适当降低梁底挠度。

将木梁裂缝灌实。

2. 约束条件

尽量不改变原建筑形制。

加固方法具有可逆性。

加固方法对原木梁损伤最低。

尽可能不破坏紧贴梁底的天花支条。

3. 解决方法

方案一

在首层木梁下对应二层木柱的位置增设 8 根木柱。

此加固方法的优点如下：

具有可逆性，可以随时拆卸木柱；

对木梁无损伤；

施工方便。

此加固方法的缺点如下：

破坏了原建筑形制，严重破坏了首层的建筑布局；

破坏了首层天花板的整体性。

方案二

将首层木梁以上所有木构件按位置编号，拆除并码放好。将首层木梁拆除，更换为尺寸符合承载力和刚度要求的木梁，或者将原木梁内衬钢梁加固，再将木梁及其上木构件按编号归安。

此加固方法的优点如下：

保证原建筑形制不变。

此加固方法的缺点如下：

拆除工程量大，对原木梁损伤大，对文物建筑本体损伤大；

施工工程量大，工期长；

将拆下来的木构件编号管理、全部归安难度大。

方案三

拟采用钢板加固木梁。

将木梁裂缝用环氧树脂胶灌实。

将钢套箍套在木梁端头，钢套箍底面垫在木梁与抱柱之间，防止木梁底部压溃范围继续发展。

在梁底设置两段钢板并分别与两侧梁端钢套箍焊接，千斤顶顶升木梁，张拉较紧两段钢板后将钢板于木梁跨中处焊接，保证千斤顶卸载后，钢板和木梁能够共同工作。

此加固方法的优点如下。

不破坏原建筑形制。

显著提高木梁弹性工作范围内的承载力和挠度。

具有可逆性，松开梁端钢套箍后，即可把加固钢板拆卸下来。

对木梁损伤较小，仅在木梁底部钢板中间现场焊接一条焊缝，此处木梁与钢板用防火板隔离。预先试验证明经过防火板隔离后，钢板施焊对此处木梁几乎无影响，木梁没有被烧焦的痕迹。试验照片详见附件。

对天花支条损伤较小，需将与木梁垂直相交的天花支条端部截面高度降低10毫米（此10毫米由钢板占据）。

综合考虑后，采用第三种方案加固木梁，设计图详见附件二。

为确保木梁加固效果，预先用强度等级相似的红松（TC13）做了模拟木梁加固试验，试验结果及照片详见附件一。

（三）施工步骤

清除首层、二层屋面琉璃瓦、灰背、泥背，卸载屋面荷载。将千斤顶放置在首层地面上（应先确认此处存在拦土墙，若无拦土墙，应砌筑千斤顶基座），对应二层木柱的位置，顶升首层木梁，使木梁底面与天花支条顶面之间出现10毫米缝隙。

钢套箍从木梁两侧卡住梁端，在木梁顶面、底面用螺栓绞紧两侧钢套箍。

木梁对应梁底钢板焊接位置预先钉好防火板。

将花篮螺丝或其他张拉设备挂在两段钢板底部预先焊好的挂钩上，绞紧两段钢板至木梁略微抬起，在梁底焊接钢板将两侧钢板连接起来。

缠绕5毫米钢板箍，绞紧。

逐步卸载，使荷载落在加固后的木梁上，木梁和钢板共同作用。

根据试验结果，在木梁弹性工作范围内，木梁和钢板能够共同工作，受力状态符合平截面假定。据此计算加固后木梁抗弯承载力由496 kN/m 提高至584kN/m，提高18%；抗弯刚度 EI 由 1.3×10^{14}N/mm^2 提高至 2.18×10^{14}N/mm^2，提高68%。可见此加固方法对降低梁挠度效果明显。

大高玄殿乾元阁于2011年修缮完工，目前使用状况良好。通过本工程我们体会到，对那些承载力和挠度超出规范要求的木梁，采用梁底增设钢板加固，是一个行之有效的办法。

附件一

木梁试验

模型设计：

试验木梁选用红松（TC13），采用 1：3.4缩尺模型，木梁截面尺寸为160毫米 ×200毫米，梁长2米，支座间距1940毫米，支座截面尺寸为60毫米×50毫米。距梁两端 555毫米处作用荷载。根据相似原理，当荷载取值为恒荷载设计值16.7kN，活荷载设计值 5.3kN时，试验梁底应力应为实际梁底应力，试验梁最大挠度应为实际梁最大挠度的0.0865 倍。试验梁模型见右图。

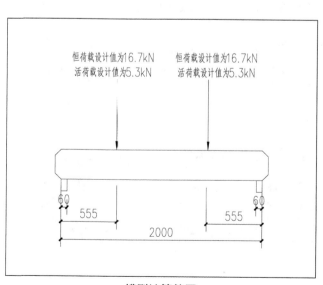

模型计算简图

木梁试验照片（加固木梁与未加固木梁从同一根木梁上截取）

未加固木梁	加固木梁（梁底设 3 毫米钢板加固）
 未加固梁初始状态	 加固梁初始状态
 未加固梁弹性工作状态	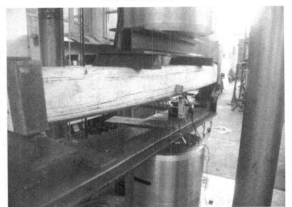 加固梁弹性工作状态
 未加固梁破坏状态	 加固梁破坏状态

木梁试验数据

编号	荷载（kN）	未加固木梁试验数据		加固木梁试验数据	
		挠度 （2～10mm）	梁底应变 （$\mu\varepsilon$）	挠度 （2～10mm）	梁底应变 （$\mu\varepsilon$）
1	12.4（恒载标准值）	201	352	115	268
2	17.6（恒载标准值＋活载标准值）	355	497	206	397
3	22（恒载设计值＋活载设计值）	463	612	284	502
4	27	590	749	385	620
5	32	725	886	474	735
6	35	830	990	540	814
7	40	947	1120	646	938
8	45	1094	1260	767	1089
9	50	1240	1403	887	1247
10	55	1420	1563	1001	1398
11	60	1586	1707	1115	1543
12	65	1772	1868	1228	1697
13	70	1940	2026	1346	1859
14	75	2102	2180	1498	2030
15	80	2283	2332	1621	2180
16	85	2510	2491	1768	2350
17	90	2720	2652	1942	2530
18	95	2970	2833	2095	2696
19	100		3010		2895
20	105		3233		3109
21	110		破坏		3436
22	115				3747
23	130				破坏

附件二

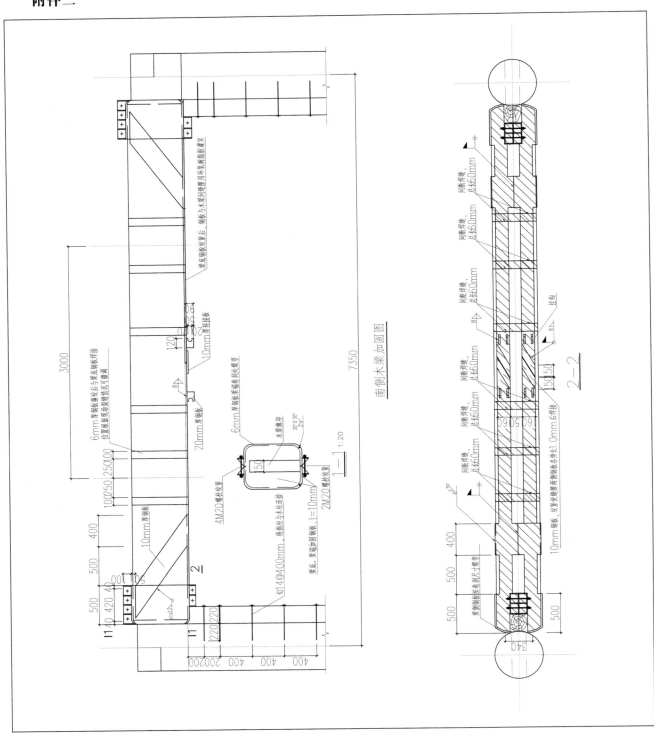

南侧木梁加固图

木梁加固图

木梁加固施工现场照片

在试验木梁上放置两层防火板

在防火板上摆好焊接钢板

现场焊接钢板

移除焊接钢板后第一层防火板状况

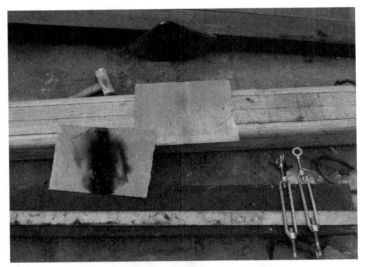

移除第一层防火板后第二层防火板状况

移除两层防火板后木梁状况（几乎无影响）

东侧木梁跨中沉降4cm

梁端后设抱柱，年代不详

木梁榫卯已经压缩变形，略有拔出

梁端后设抱柱，年代不详

大高玄殿东侧木梁

南侧木梁端部下沉

大高玄殿南侧木梁

大高玄殿南侧木梁

大高玄殿西侧木梁

大高玄殿北侧木梁

大高玄殿南侧木梁顶升

第二节　大高玄殿乾元阁修缮工程施工中的设计变更

▶ 一、大木结构部分在施工中的设计变更

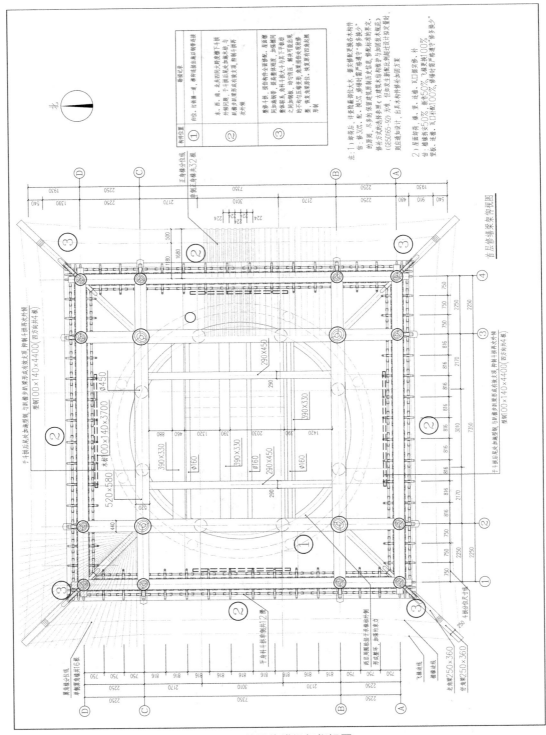

图一　首层修缮梁架仰视图

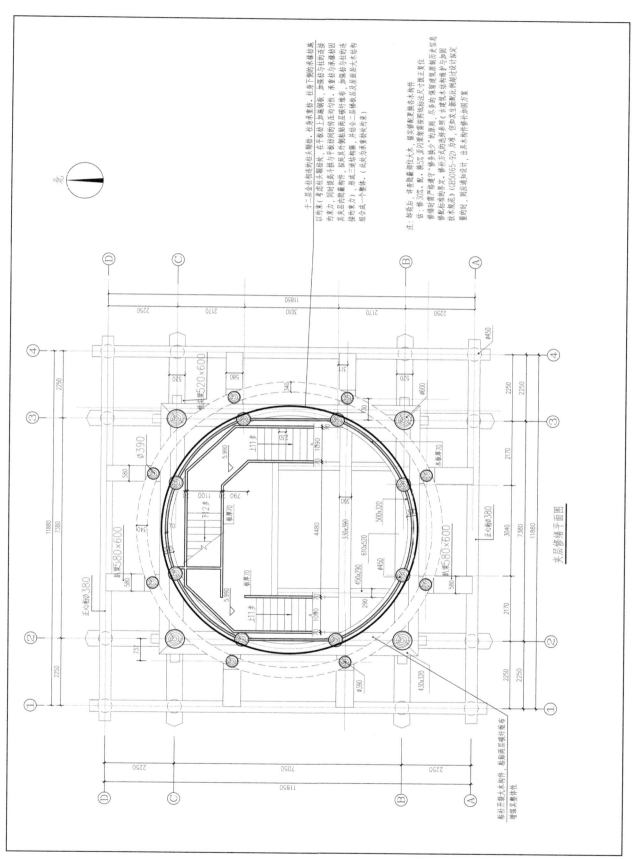

图二　夹层修缮平面图

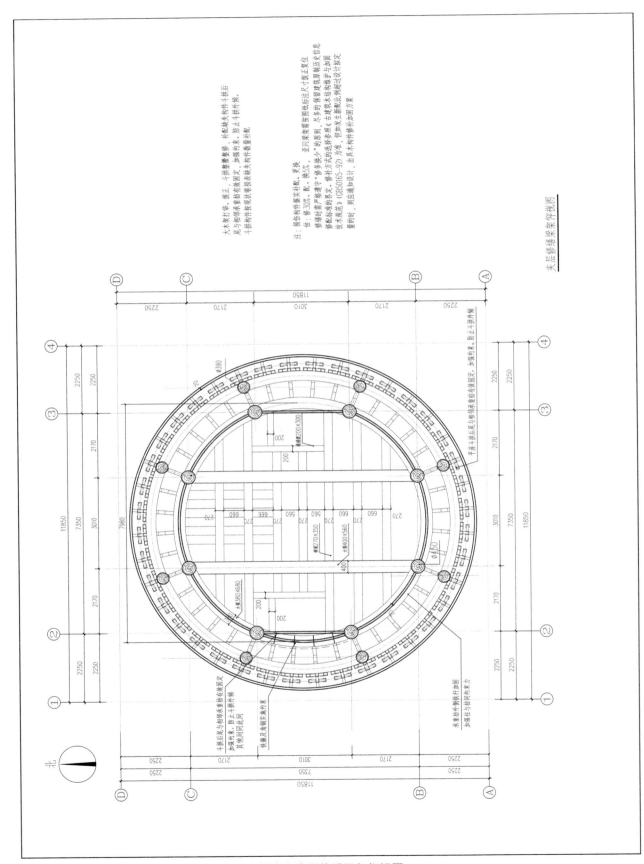

图三　夹层修缮梁架仰视图

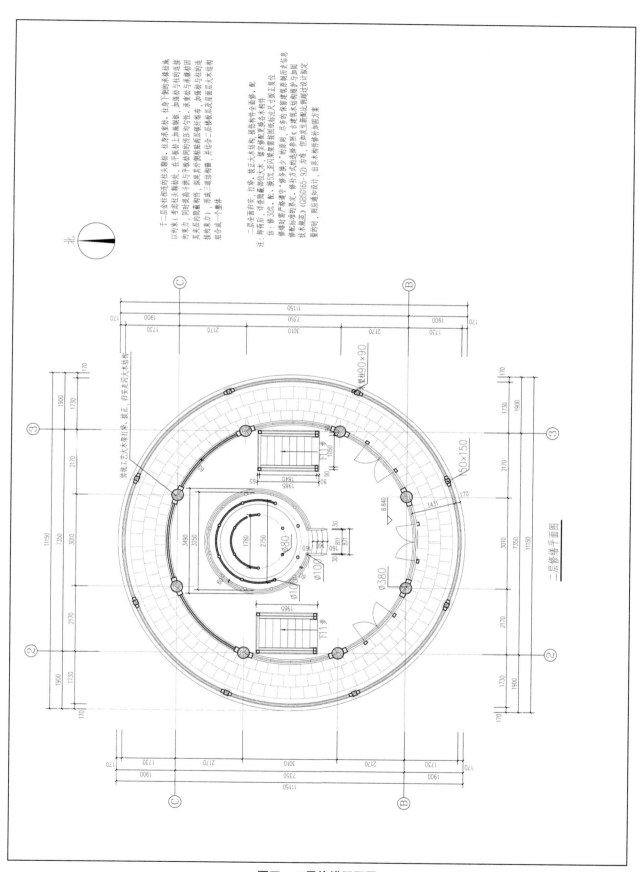

于二层全部柱子和他的柱头额枋、柱身及下侧的承椽出跳以约束（考虑柱头额枋处、在平板枋上端施腰，加强枋与柱的连接约束力，同时提高斗拱与平板枋间的传压均匀性，承重柱与承椽枋拉固因其夹层内隐檩构件，秋延其外侧檐枋两层散开维护布，加强檩与柱的连接约束力），形成一道拉结构造构件，并结合二层楼板及屋面原大木结构组合成一个整体。

二层全面打架、打牮、拨正大木结构，损伤构件全面修。配卸构后，详查隐藏部位大木，据实修复更换各木构件。

注：修30%、配、换5%、全闪聚靠按图纸标注尺寸拨正复位台，修30%、配、换5%、全闪聚靠按图纸标注尺寸拨正复位台，修补通常严格按中"修多换少"的原则，尽多保留古建筑原历史信息修配标准的界定《GB50165-9D》为准，但如发生新配比例修护与加固技术规范，则应通知设计，出具木构修补加固方案量时的，则应通知设计，出具木构修补加固方案

二层修缮平面图

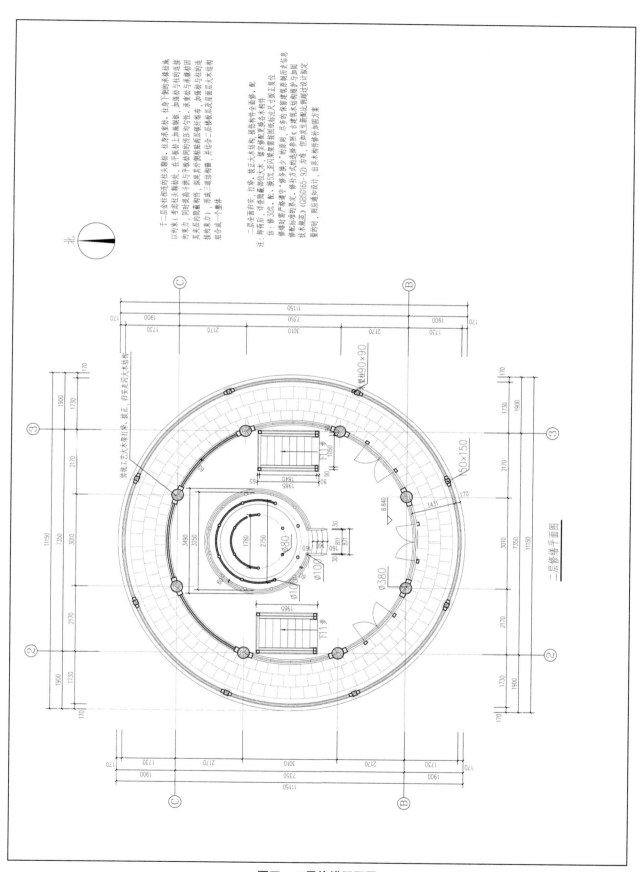

图四　二层修缮平面图

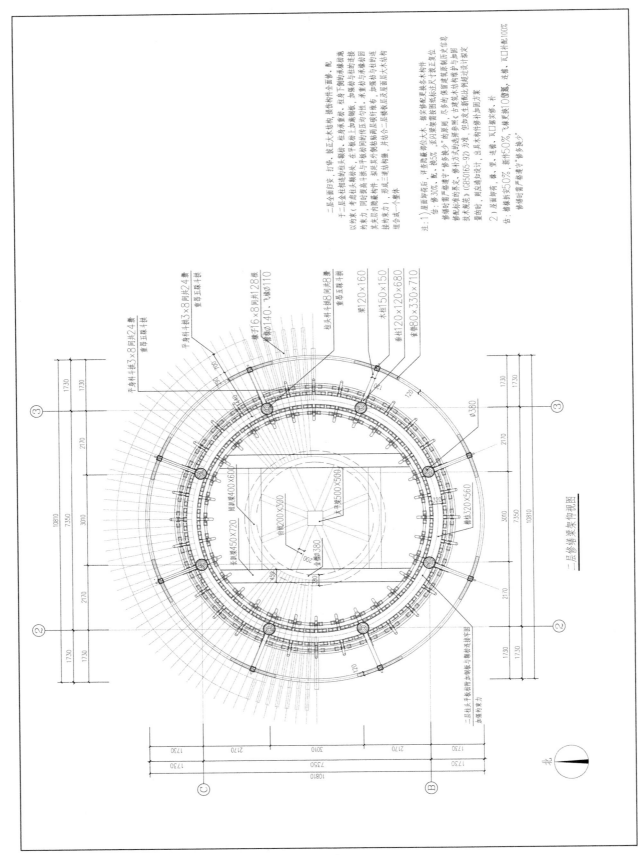

图五　二层修缮梁架仰视图

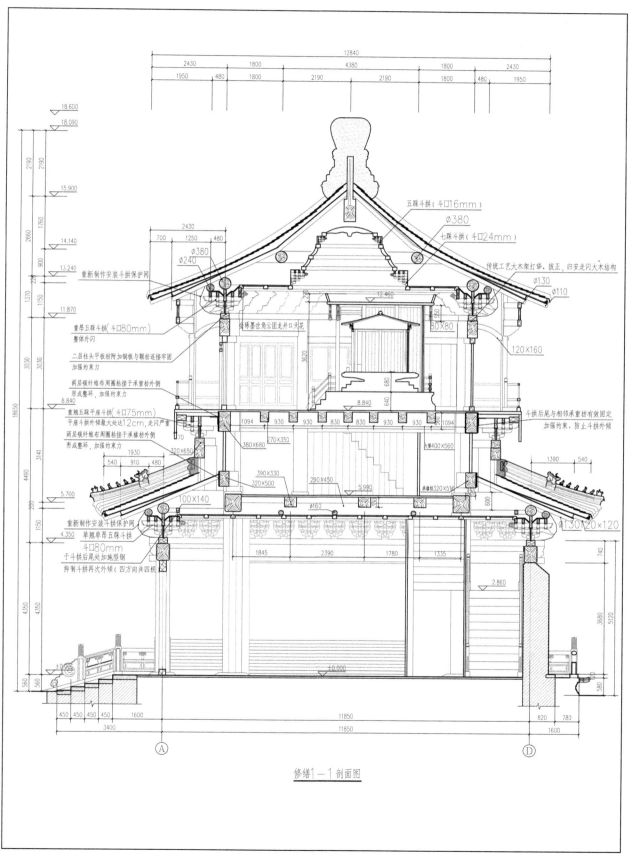

修缮1—1剖面图

图六 修缮剖面图

▶ 二、木装修部分在施工中的设计变更

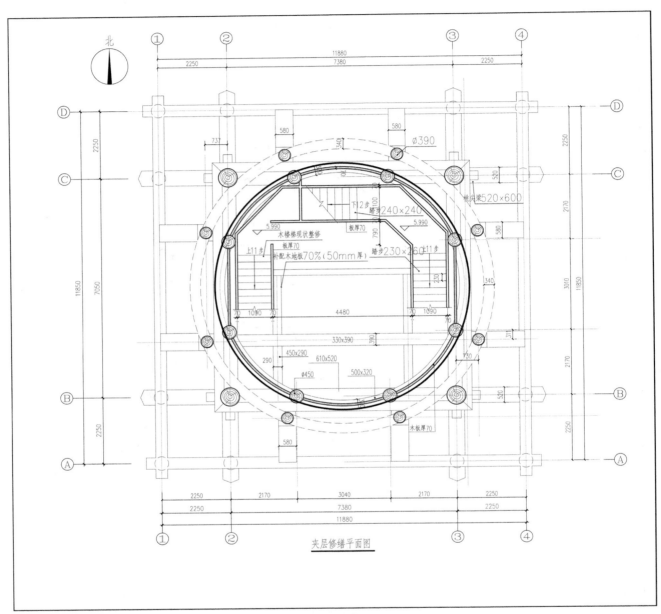

图一　夹层修缮平面图

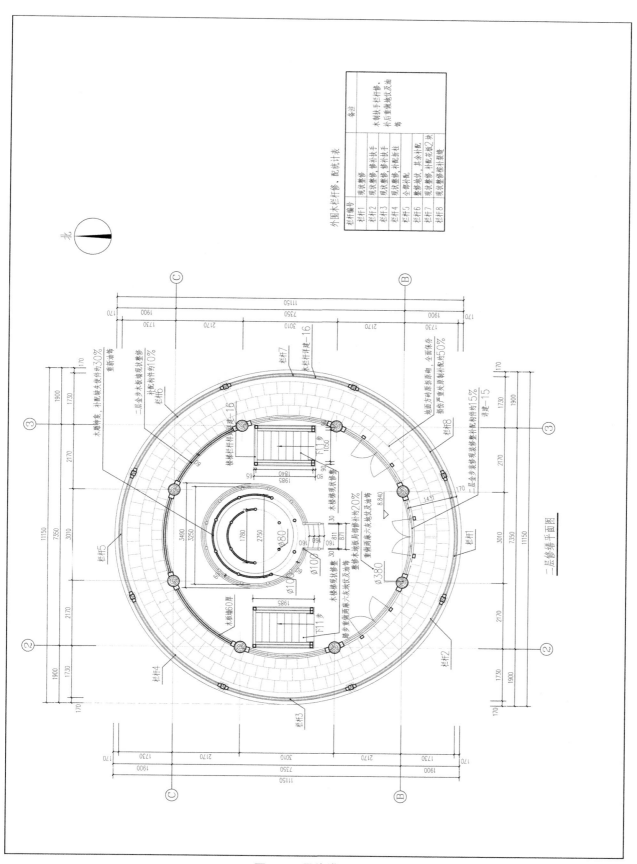

图二　二层修缮平面图

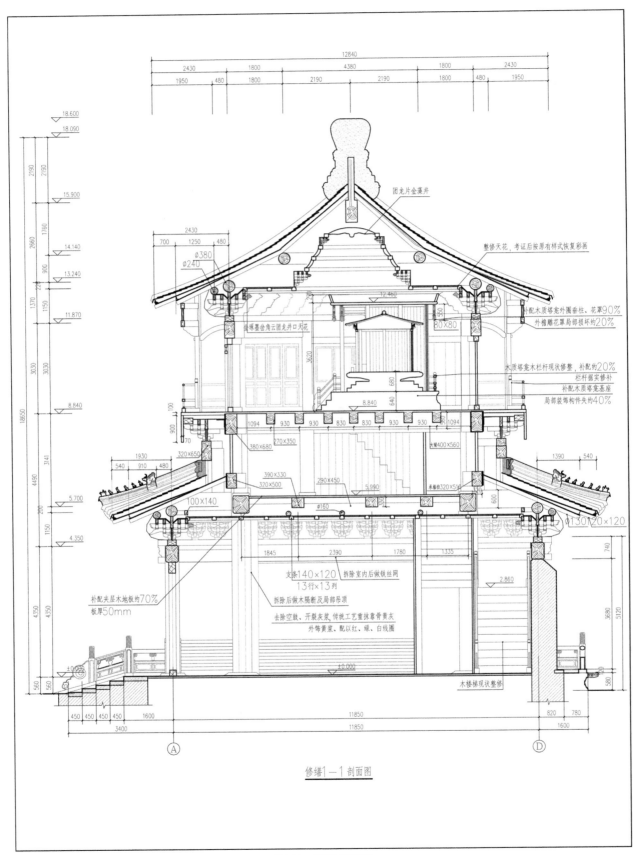

图三 修缮剖面图

三、宝顶、屋面部分在施工中的设计变更

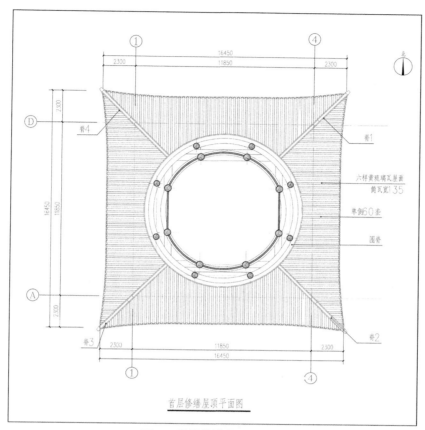

图一　首层修缮屋顶平面图

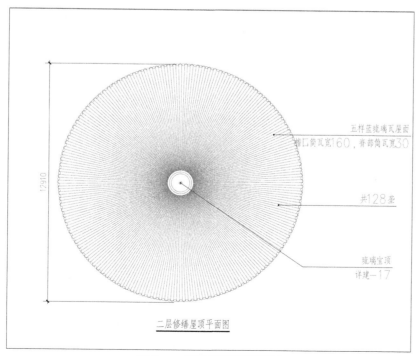

图二　二层修缮屋顶平面图

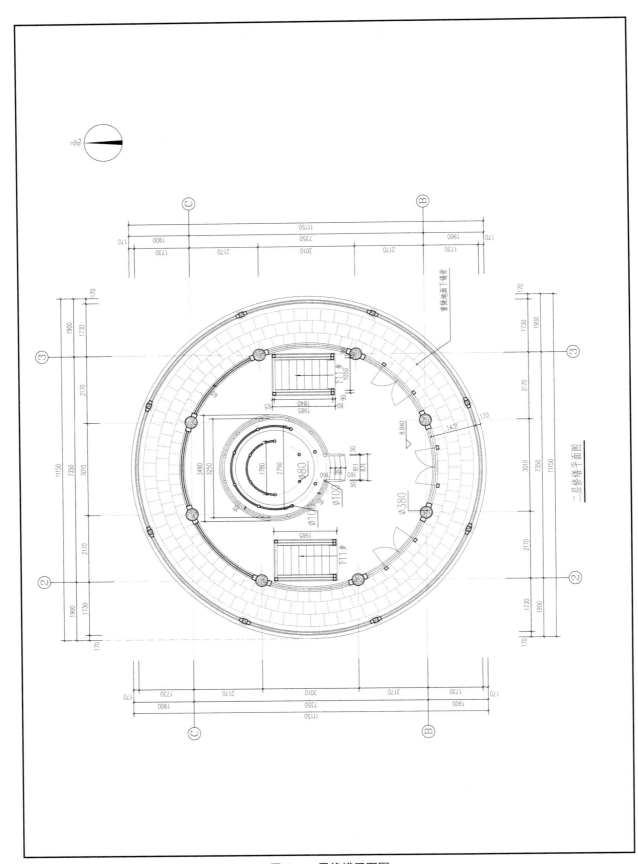

图三 二层修缮平面图

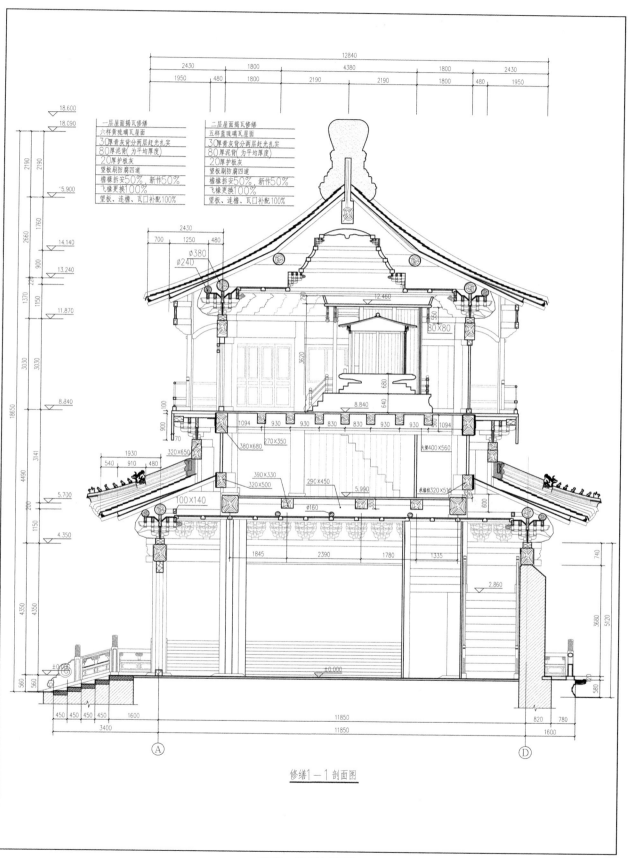

修缮1—1剖面图

图四　修缮剖面图

四、墙体部分在施工中的设计变更

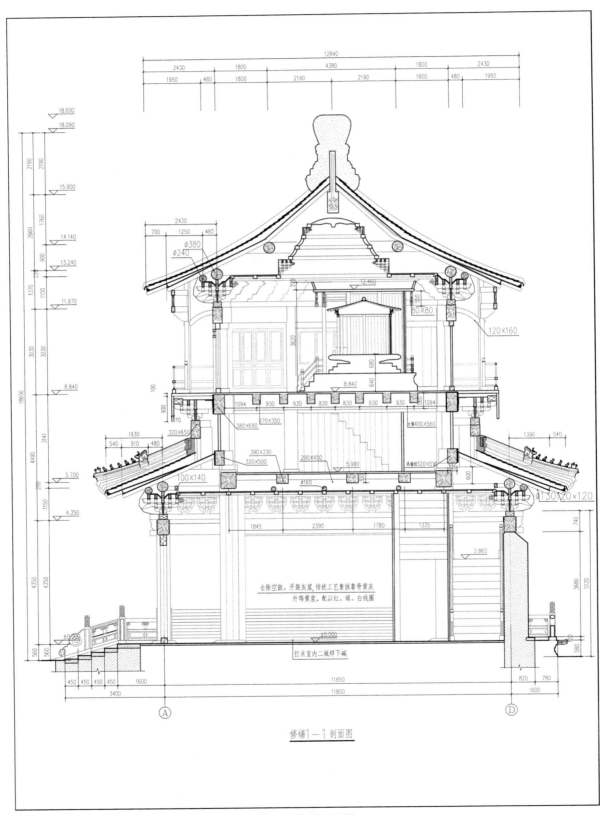

修缮1—1剖面图

图一　修缮剖面图

五、台基部分在施工中的设计变更

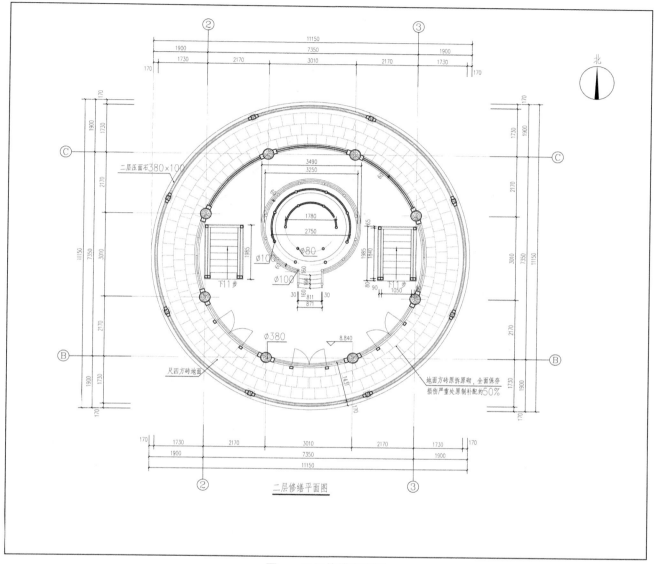

图一　二层修缮平面图

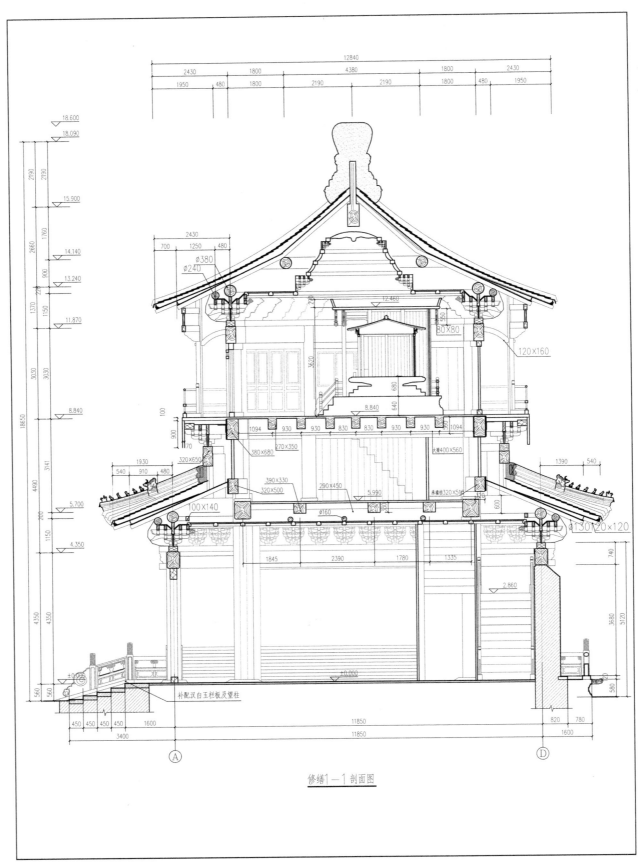

图二　修缮剖面图

六、油饰、彩画部分在施工中的设计变更

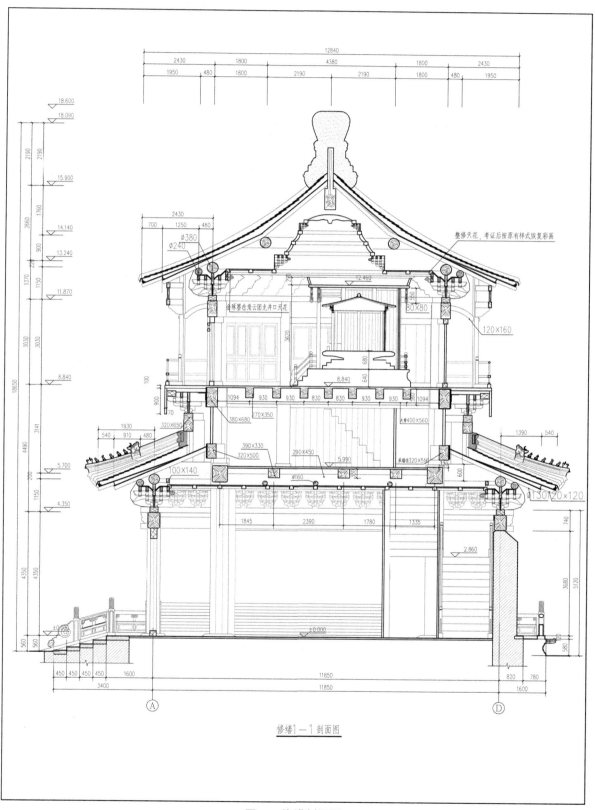

修缮1—1剖面图

图一　修缮剖面图

第五章　大高玄殿乾元阁修缮竣工报告

第一节　大高玄殿乾元阁修缮设计工程回顾

北京市文物建筑保护设计所在立项后，在一年时间内进行了细致的现场勘查，并根据具体情况更改方案，最终完成了大高玄殿的修缮工作。大高玄殿作为皇城历史文化保护区的重要景观，同故宫、景山、北海等周边的文物保护单位形成共为一体的皇家建筑体系。其七开间的大殿，覆以黄筒瓦重檐庑殿顶，梁枋遍施金龙和玺彩画，建筑规格极高；蟠龙藻井、云鹤丹陛、木雕神龛等细部装修装饰，工艺精巧美观，令人叹为观止。

北端的乾元阁，上圆下方，象天法地，外形酷似天坛祈年殿，高阁上层覆盖蓝琉璃瓦，下层覆以黄色琉璃瓦，有"小天坛"之称；四周环护石栏，前出御路踏跺，建筑级别之高，造型之精美，在全国的道教建筑中是独一无二的，具有很高的文物价值。

通过翔实的史料考证及全面现场勘查，我们得出如下结论：此乾元阁为明代楠木木构（自始建至今，虽多有修缮，但都仅限于外观、彩画、装修、石台基、屋面等保养性修缮）。因此，本次修缮工程中，如何在最大程度上保存木构不受干扰，在最小程度上影响原有木构的基础上去除木构损伤、削除木构隐患，是修缮工作的重中之重。

第二节　大高玄殿乾元阁修缮工程比对及分析

本次修缮工程包含全部文物建筑本体。分别有：大木结构保护性修缮，传统木装修保护性修复，瓦件、宝顶等琉璃砖件保护性修缮，墙体、台基等砖、石构件保护性修复，内、外檐彩画保护性修缮。现分述如下。

▶ 一、修缮前情况

（1）屋面漏雨所致的宝顶扶脊木、头停椽望、角梁的糟朽。

（2）未有大规模修缮的明代木构，柱、梁等受力构件出现变形、开裂、榫卯损伤、徐变等。

（3）因一层承重梁开裂、变形、榫卯变形下沉，其上两层柱随之移位，致使二层大木构梁架走闪。

（4）平座斗拱后尾无约束的外倾。

（5）因一层挑檐檩檩中下沉，致使其下平身科斗拱外倾（平身科斗拱内槽无约束）。

（6）一层西北角埋墙檐柱的柱根糟朽。

（7）必须考虑到，内檐及外檐保存下来了较为完整的清代彩画，整个大木结构为典型的明代木构（楠木）。

二、修缮后情况

考虑到现状，在设计中严格控制新配木构比例，不以《古建筑木结构维护与加固技术规范》（GB 50165—92）（以下简称《规范》）中修、配界定的标准、修补方式的选择为唯一准则。严格控制原木构件更换比例，设计主观提高《规范》中对大木结构损伤度的修、配界定标准，加大原有构件的修补比例，减小原有构件的原制更换比例，并明确构件修补技术方法，以求尽可能保存大木构件的历史信息，使之得以延续和传达。换言之，通过对全部大木构件逐一进行详尽勘查，只要能以现有成熟的、经过成功实施过的修补技术进行修补的大木构件就以修补对待，其余者才原制新配。同时，在不改变建筑原形制的基础上，在较小的结构干预、最大可逆的前提下，通过必要的结构补强，解决原有结构体系因结构约束力不足而出现的变形、位移等情况，从而减小重复出现相同损伤的概率，延后再次出现相同损伤的时间。

（1）宝顶扶脊木、椽头糟朽处，剔槽至整，以传统工艺修缮；角梁后尾榫卯糟断，剔槽至整，以铁活加固，用环氧树脂硬木补整。

（2）未有大规模修缮的明代木构，柱、梁等受力构件出现变形、开裂、榫卯损伤、徐变等处，采用传统工艺，剔槽、挖补，用环氧树脂硬木补整，开裂处打箍处理。

（3）因一层承重梁开裂、变形、榫卯变形下沉，其上两层柱随之下沉及偏移，致使二层大木构梁架走闪。待揭瓦卸荷后，将梁顶升至原位，同时适度纠偏二层走闪大木后，对梁头榫卯压溃变形处，以环氧树脂硬木补严梁归位后空隙，钢板备实梁归位后抱框与梁之间的空隙；南侧大梁（梁身挠度大于临界值，并出现梁底劈裂）进行必要的铁活加固补强（实施前进行了三次等比小构件铁活加固补强实件试验室加载试验，取得实效后明确加固方案）；梁身其余损伤采用传统工艺，剔槽、挖补，用环氧树脂硬木补整，开裂处打箍处理。

（4）平座斗拱后尾无约束的外倾：后9尾与承重枋铁活加固连接。

（5）因一层挑檐檩檩中下沉，致使其下平身科斗拱外倾（平身科斗拱内槽无约束）：仅在内槽拱枋上加一木枋，将其与趴梁间隙备实即可。

（6）一层西北角埋墙檐柱的柱根糟朽：采用传统工艺，墩接即可。

第三节　大高玄殿乾元阁修缮效果

▶ 一、修缮工程竣工图纸

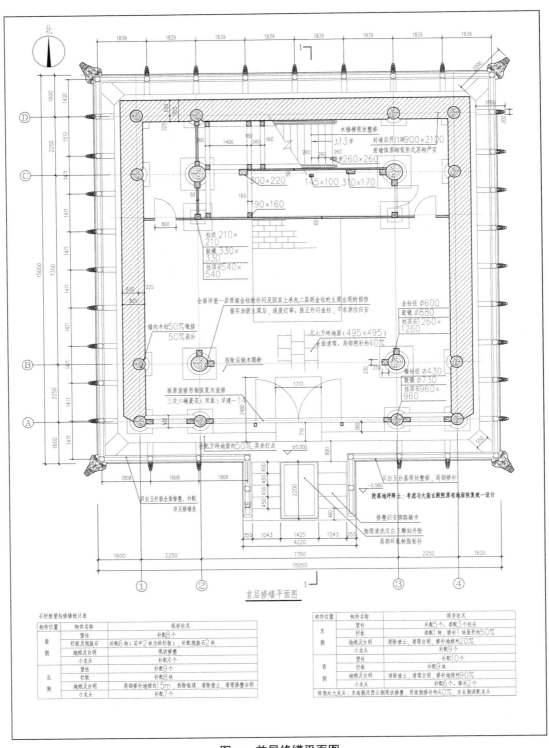

图一　首层修缮平面图

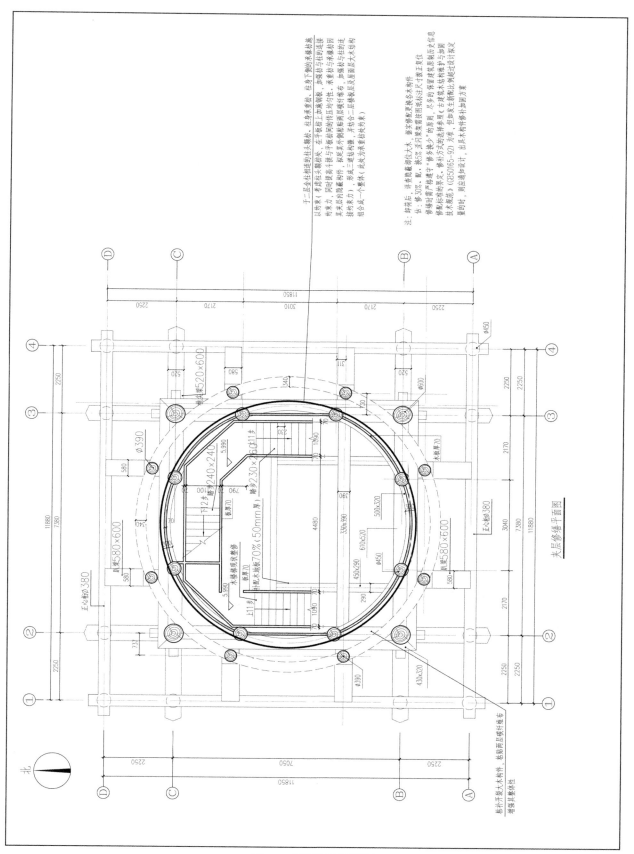

图二　夹层修缮平面图

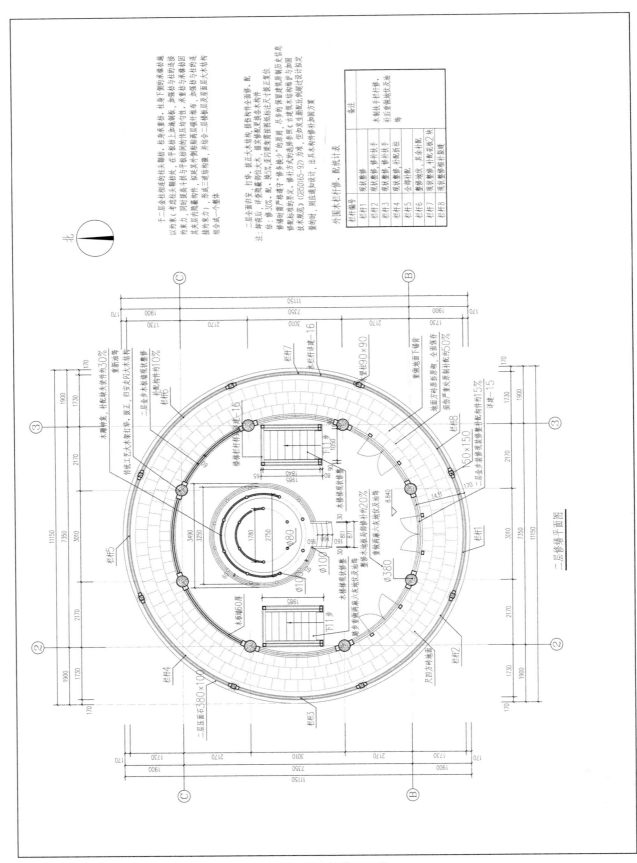

图三　二层修缮平面图

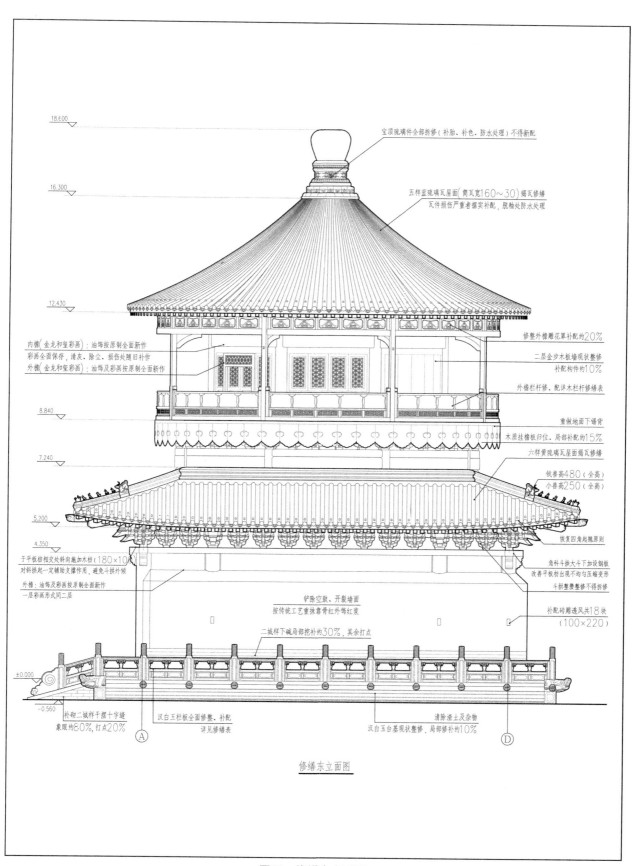

18.600

宝顶琉璃件全部拆修（补胎、补色、防水处理）不得新配

16.300

五样蓝琉璃瓦屋面（筒瓦宽160～30）揭瓦修缮
瓦件损伤严重者据实补配，脱釉处防水处理

12.430

内檐（金龙和玺彩画）：油饰按原制全面新作
彩画全面保存、清灰、除尘、损伤处随旧补作
外檐（金龙和玺彩画）：油饰及彩画按原制全面新作

修整外檐雕花罩补配约20%

二层金步木板墙现状修整
补配构件约10%

外檐栏杆修，配详木栏杆修缮表

8.840

重做地面下锡背

木质挂檐板归位，局部补配约15%

7.240

六样黄琉璃瓦屋面揭瓦修缮

锐兽高480（全高）
小兽高250（全高）

5.200

恢复四角起翘原则

4.350

于平板枋相交斜向施加木枋（180×10）
对斜拱起一定辅助支撑作用，避免斗拱外倾
外檐：油饰及彩画按原制全面新作
一层彩画形式同二层

角科斗拱大斗下加设钢板
改善平板枋出现不均匀压缩变形
斗拱整攒整修不得拆修

铲除空鼓、开裂墙面
按传统工艺重抹靠骨灰外饰红浆

补配砖雕透风共18块
（100×220）

二城样下碱局部挖补约30%，其余打点

±0.000

汉白玉栏板全面修整、补配
详见修缮表

清除渣土及杂物

汉白玉基现状整修，局部修补约10%

-0.560

补砌二城样干摆十字缝
象眼约80%，打点20%

Ⓐ

Ⓓ

修缮东立面图

图四　修缮东立面图

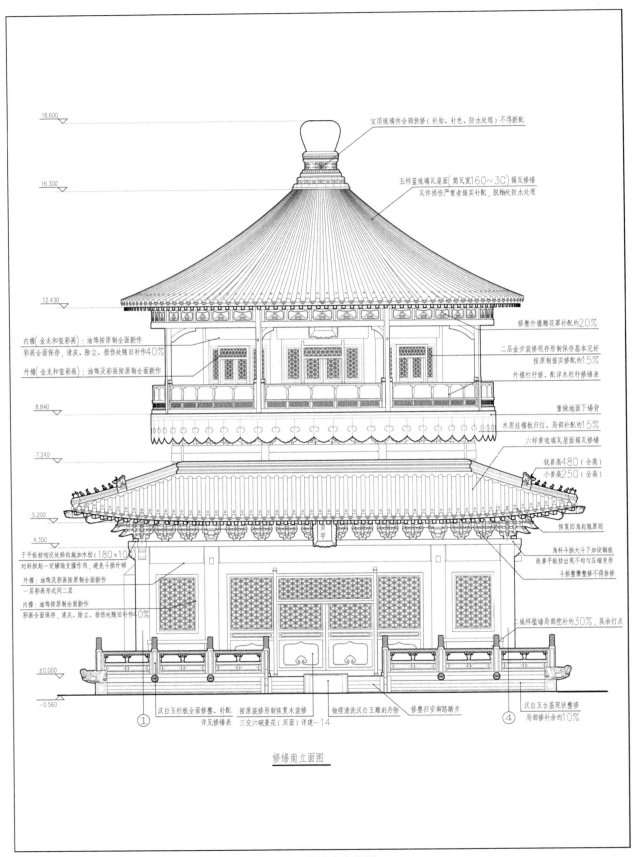

图五　修缮南立面图

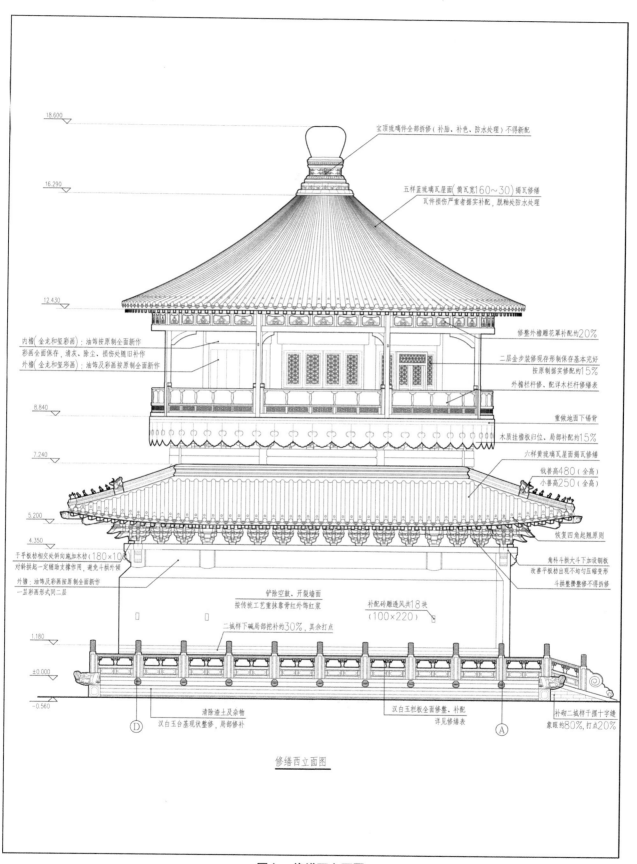

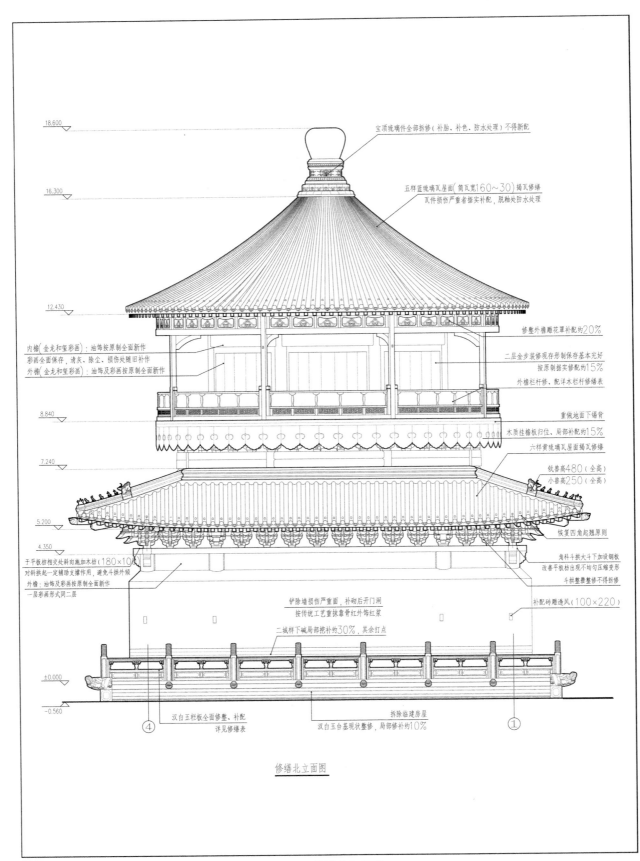

宝顶琉璃件全部拆修(补胎、补色、防水处理)不得新配

五样蓝琉璃瓦屋面(筒瓦宽160～30)揭瓦修缮
瓦件损伤严重者据实补配，脱釉处防水处理

修整外檐雕花罩补配约20%

内檐(金龙和玺彩画)：油饰按原制全面新作
彩画全面保存，清灰、除尘、损伤处随旧补作
外檐(金龙和玺彩画)：油饰及彩画按原制全面新作

二层金步装修现存形制保存基本完好
按原制据实修配约15%

外檐栏杆修，配详见木栏杆修缮表

重做地面下锡背

木原挂檐板归位，局部补配约15%

六样黄琉璃瓦屋面揭瓦修缮

钱兽高480(全高)
小兽高250(全高)

恢复四角起翘原则

于平板枋相交处斜向施加木枋(180×100)
对斜拱起一定辅助支撑作用，避免斗拱外倾
外檐：油饰及彩画按原制全面新作
一层彩画形式同二层

角科斗拱大斗下加设钢板
改善平板枋出现不均匀压缩变形
斗拱整修整修不得拆修

补配砖雕透风(100×220)

铲除墙根损伤严重面，补砌后开门洞
按传统工艺重抹靠骨红外饰红浆

二城样下碱局部补挖约30%，其余打点

④

汉白玉栏板全面修整、补配
详见修缮表

拆除临建房屋
汉白玉台基现状整修，局部修补约10%

①

修缮北立面图

图七　修缮北立面图

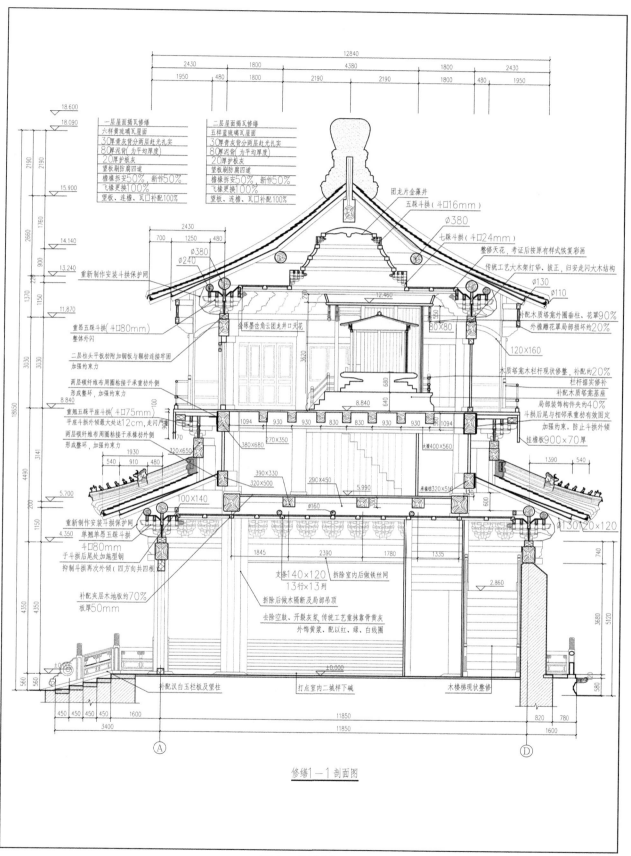

图八 修缮剖面图

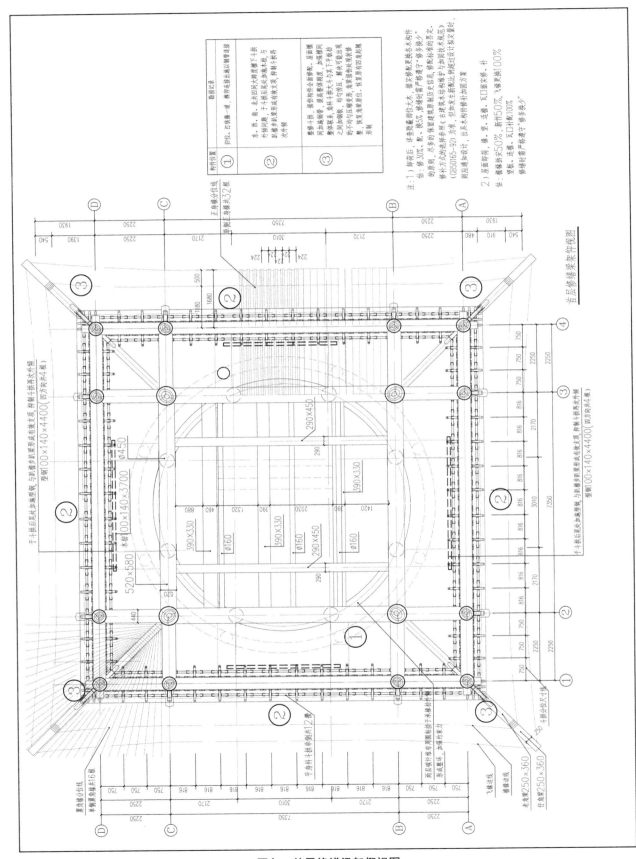

图九　首层修缮梁架仰视图

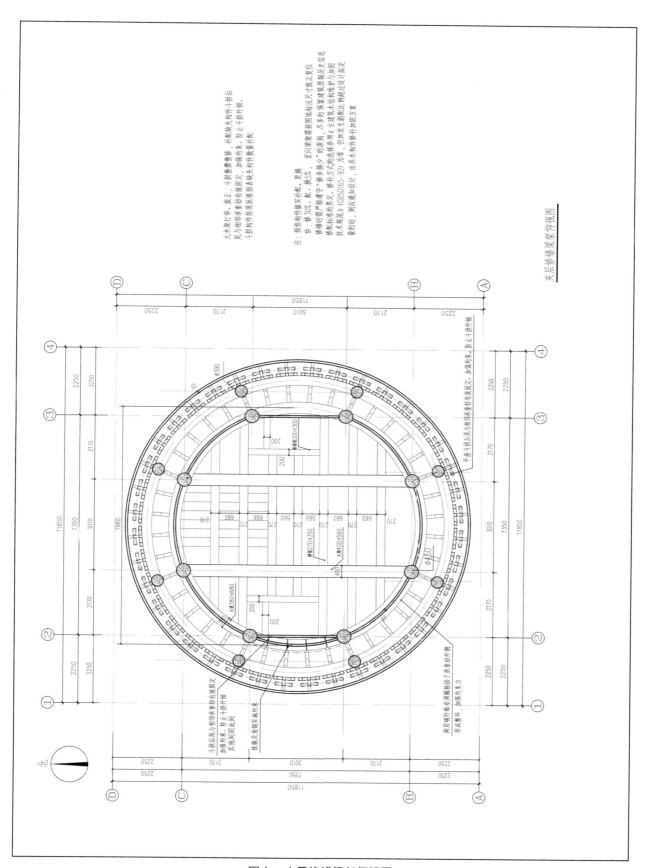

图十 夹层修缮梁架仰视图

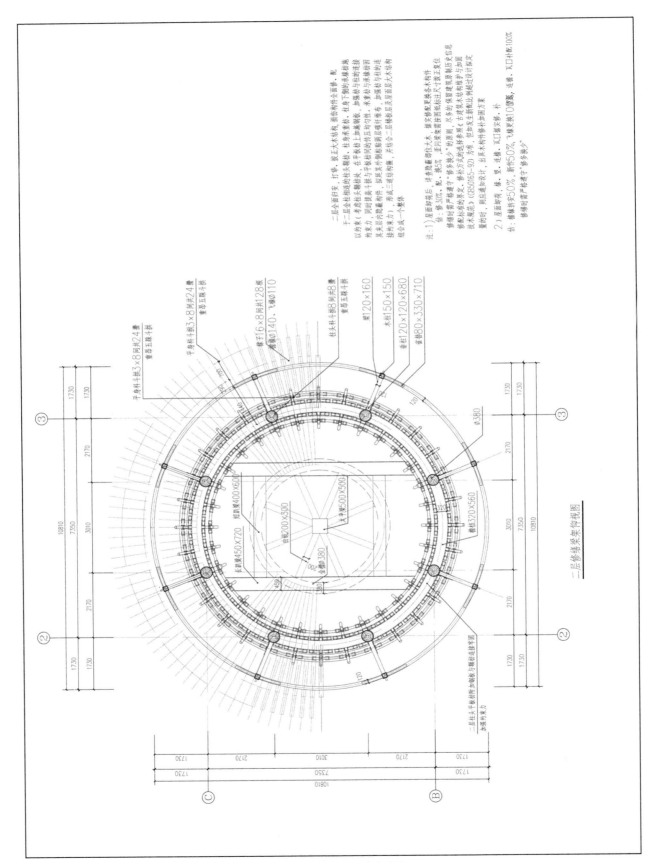

图十一　二层修缮梁架仰视图

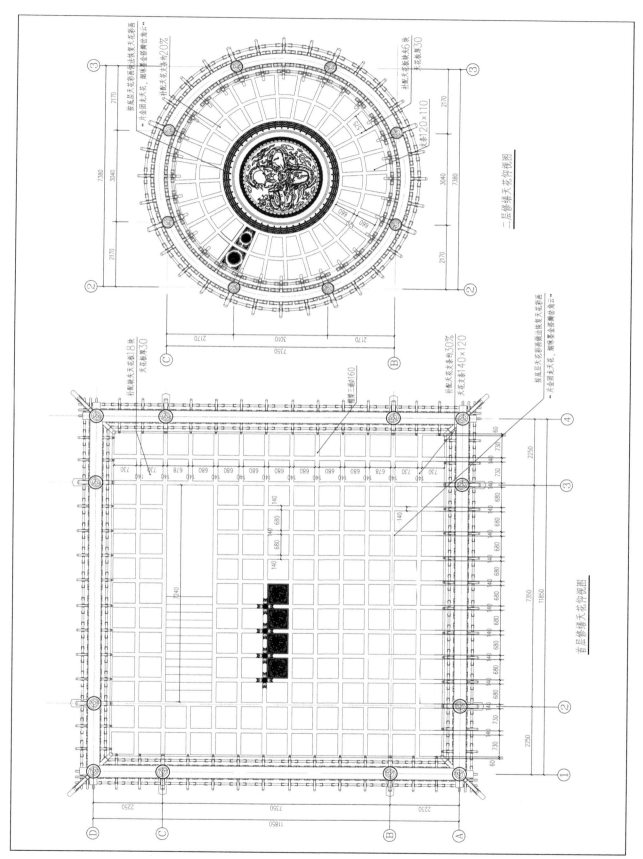

图十二　首层、二层修缮天花仰视图

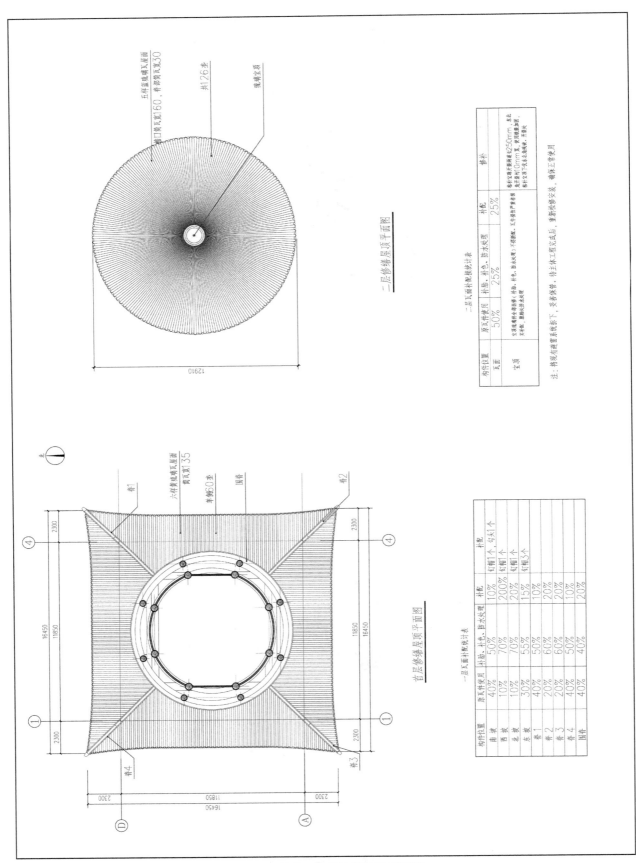

二层修缮屋顶平面图

首层修缮屋顶平面图

图十三　首层、二层修缮屋顶平面图

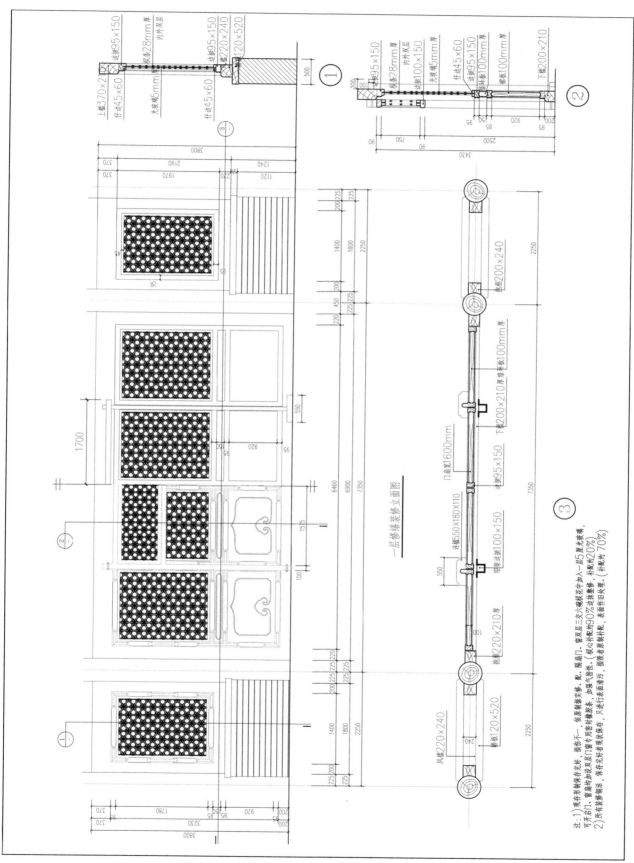

一层修缮装修立面图

图十四　一层修缮装修立面图

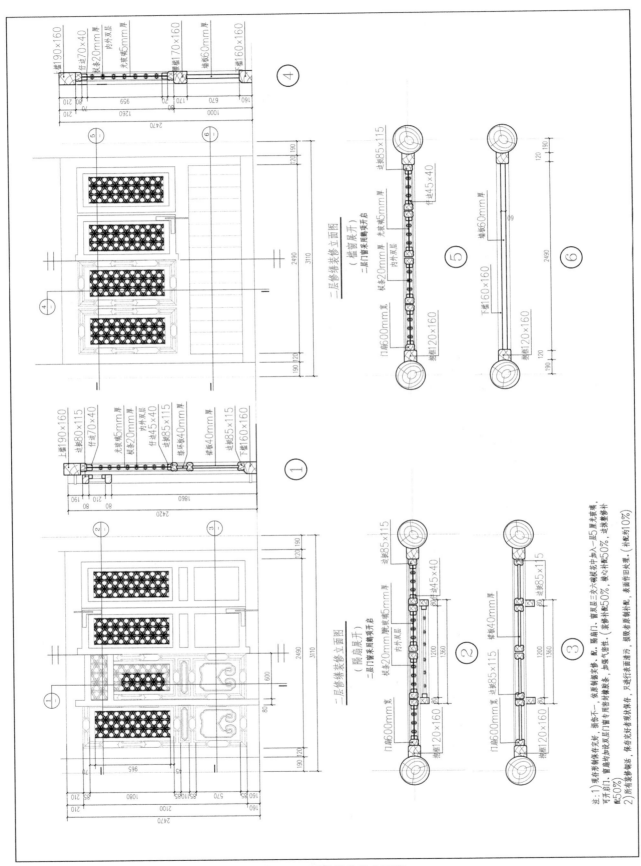

图十五　二层修缮装修立面图

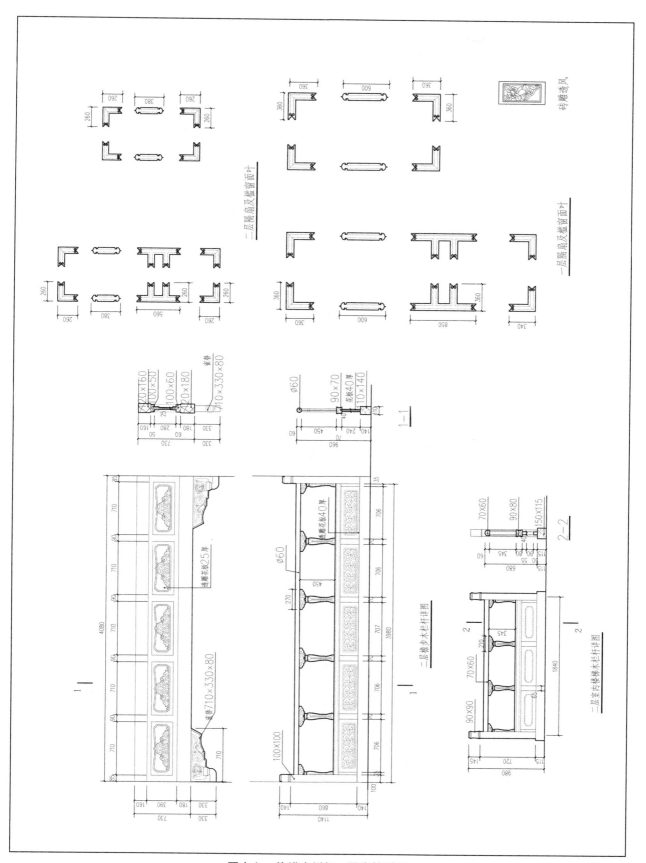

图十六 修缮木栏杆、隔窗等详图

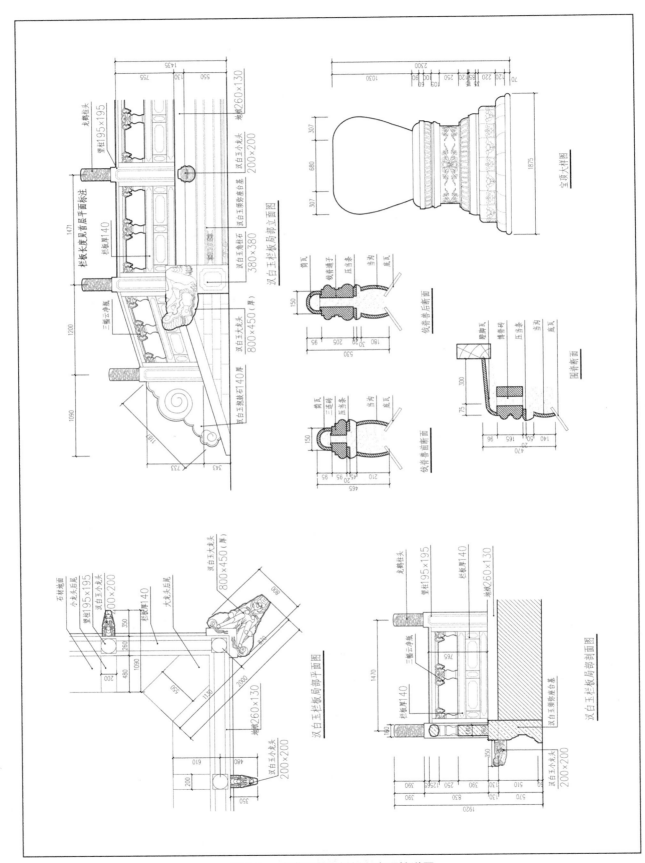

图十七　修缮汉白玉栏板、宝顶等详图

▶▶ 三、修缮后效果

一层修复后现状

二层室内修复后现状

二层瓦面修复后现状（瓦面宝顶）

修复后二层整体

修复后东南角整体效果

南侧局部效果

修缮后正立面